该图是 Theirsverse 设计师 Chill 为 0xAres 设计的 pfp NFT。另外，特别鸣谢 Liz。

一本书读懂Web3.0

区块链、NFT、元宇宙和DAO

a15a 著　　0xAres 主编

電子工業出版社
Publishing House of Electronics Industry
北京•BEIJING

内 容 简 介

本书既是关于 Web3.0 基础知识的介绍，又是关于 Web3.0 在业内应用实践的案例展示，同时也是一次 DAO 的实践。

第 1 章提出了关于 Web3.0 的 3 个基础问题，答案需要读者在读完全书后自行填写。第 2 章介绍了 Web3.0 的历史渊源及其资本推手。第 3 章介绍了区块链，包括以以太坊为代表的公链、跨链工具、预言机、去中心化存储和区块链安全。第 4 章介绍了 NFT 的协议标准、文化现象、分类及未来发展。第 5 章和第 6 章分别介绍了元宇宙和 DAO 的发展史。第 7 章介绍了 Web3.0 的经济影响，以及 Token、DeFi 等新产物。第 8 章介绍了 Web3.0 对社会意识的影响。第 9 章畅想了 Web3.0 的未来、发展方向，并提出了个体行为准则。

本书适合想早早入局 Web3.0 的研究人员和相关的从业人员阅读参考。

图书在版编目（CIP）数据

一本书读懂 Web3.0：区块链、NFT、元宇宙和 DAO / a15a 著；0xAres 主编. —北京：电子工业出版社，2022.5
ISBN 978-7-121-43235-4

Ⅰ. ①一…　Ⅱ. ①a…　②0…　Ⅲ. ①互联网络－基本知识　Ⅳ. ①TP393.4

中国版本图书馆 CIP 数据核字（2022）第 056540 号

责任编辑：石　悦
印　　刷：天津嘉恒印务有限公司
装　　订：天津嘉恒印务有限公司
出版发行：电子工业出版社
　　　　　北京市海淀区万寿路 173 信箱　　　　邮编：100036
开　　本：880×1230　1/32　　印张：10.625　　字数：248 千字
版　　次：2022 年 5 月第 1 版
印　　次：2025 年 2 月第 14 次印刷
定　　价：89.00 元

凡所购买电子工业出版社图书有缺损问题，请向购买书店调换。若书店售缺，请与本社发行部联系，联系及邮购电话：（010）88254888，88258888。

质量投诉请发邮件至 zlts@phei.com.cn，盗版侵权举报请发邮件至 dbqq@phei.com.cn。

本书咨询联系方式：（010）51260888-819，faq@phei.com.cn。

本书编委会

主编： 0xAres

参编： Koshinn、Coding、JackRyan、RealDora

专家推荐语

在这个概念风口满天飞的元宇宙时代，本书是一本能够深入浅出地讲清楚 Web3.0、区块链、NFT 乃至元宇宙之间纷繁复杂的关系，帮助有志于此的从业者建立认知地图，或满足普通人窥探未来的好奇心的书。

科幻作家、星云奖得主、中国科普作家协会副理事长　陈楸帆

这是一本帮助你转换思维方式的书，会带给你进入 Web3.0 世界的无限激情。

上海树图区块链研究院首席技术官、
微软亚洲研究院前资深研究员　伍鸣

Web3.0 及在此基础上的元宇宙带来的是一场社会革命，会开启一个自我赋权、释放潜能的新世界。这是一个与每个人都有关的愿景，未来是否美好不来源于别人的预测，而来源于自我的认知与创造。

社会学学者，任教于上海财大经济社会学系　孙哲

Web 的版本升级，演绎着平台与用户之间的恩怨情仇。在 Web1.0 时代，内容创造中心化、平台控制中心化，如早期的新浪；在 Web2.0 时代，内容创造去中心化、平台控制中心化，如抖音；在 Web3.0 时代，内容创造去中心化、平台控制也会去中心化。平台控制的去中心化表现在利益、治理和数据三个方面，本书为你一一道来。

上海交通大学上海高级金融学院教授　胡捷

本书从历史、经济、社会、文化等多个视角，为读者展现了一个全面、真实的 Web3.0 世界。Web3.0 不仅是一场 Web 技术革命，还是对经济和社会产生深远影响的一个新的互联网时代。从区块链到元宇宙，从 NFT 到 DAO，本书将让你在 Web3.0 这个新时代把握先机。

浙江大学计算机学院副教授、

智能计算创新创业实验室（ICE-lab）负责人　陈建海

Web2.0（互联网）时代出现的“网红”建筑极大地促进了建筑文化的传播。在 Web3.0（元宇宙)时代，虚拟世界又能给建筑行业注入怎样的活力？本书带你看向未来。

同济大学建筑设计研究院副总建筑师、

四时方院创新设计中心主持人　江立敏

很多人觉得 Web3.0 是未来，但其实 Web3.0 已经不是未来了，而是现在。本书将带你进入属于先行者的新世界。

著名歌手、演员　伊能静

从概念梳理到案例分析，再到市场观察，这是一本可以让非专业读者快速且全面了解 Web3.0 的入门读物。本书运用贴近现实生活的例子来解释区块链、NFT、元宇宙、DAO 领域涉及的抽象难懂的概念，在帮助你更好地理解的同时也能搭建起一套 Web3.0 的知识体系。

风语筑董事长　李晖

这其实是一本 Web3.0 时代的生存手册，我已经建议周围的朋友尽快将其加入书单了。

Omni Foundation 成员、OmniBOLT 创始人、Web3.0 投资人　Yann

Web3.0 的革命是关于赋权的。当下，分布式的数据存储、通信和价值传递，正在以一种前所未有的方式催生出自治的个人和社区。有人说，作为 Web3.0 革命的支柱，区块链与现有的金融生态系统之间将会呈现取代关系。然而，事实上，两者是可以共存的，区块链及其衍生出的工具只是提供了一种选择。同时，区块链也并不是现有的组织和基础设施的替代品，而是一块前所未有的创新的沃土。不可否认的是，区块链正在改变包括金融领域、艺术领域、组织结构、商业模式在内的市场理念。本书将让你深入 Web3.0 的世界，理解这一切。

Conflux 高级研发工程师、Crypto Tech Night 创始人、
清华大学区块链协会前会长　Péter Garamvölgyi

作为前沿技术，Web3.0 不仅将影响我们的生活和认识世界的方式，更重要的是，还让每一个人都真正拥有自己的数据。本书对于想要快速了解 Web3.0 基础知识的人来说是非常好的科普读物。

清华大学区块链协会创始人　Christian Oertel

在 Web3.0 时代，我们的社交账号会跨越任意平台，能带走粉丝与内容。如果再往这个数字身份上添加智能合约支付、社区记录和礼物往来，且这个身份无法被消除，那么很多事物都会发生改变。你需要读一读本书，比别人先看到为什么。

小红花徽章开源协议、么塔科技创始人　yuy

前 言

本书的编写开始于 2021 年年底，结束于 2022 年年初。作为一本科普读物，本书希望可以浅显地为各位读者介绍 Web3.0。虽然区块链、NFT、元宇宙、DAO 都是近两年比较火热的话题，但是鲜有资料将它们系统地串联起来讨论。我们认为，这些话题其实都属于 Web3.0 的范畴。区块链是 Web3.0 的底层技术，抛开区块链去谈 Web3.0 或者 NFT、元宇宙、DAO 没有任何意义。NFT 则是基于区块链技术的一种元素，或者说是 Web3.0 时代的基本载体，其承载的可能是某种资产、信息或者权限等。Web3.0 是一个比较宏观的概念，其表现在普通用户眼中就是元宇宙。当然，在早期阶段很多元宇宙虽然叫这个名字，但是实际上与 Web3.0 并无关系，只能说是虚拟的线上空间。在 Web3.0 中诞生的一种新的组织形式是 DAO。我们认为，Web3.0 将掀起一场经济系统和意识形态的大改革。一方面，区块链将经济系统嵌入网络本身，从而改变了从生产到分配的整个经济活动流程；另一方面，开放共享的思想也在改变着人们的观念、生活和组织方式。到目前为止，Web3.0 的中文社区对 Web3.0 的讨论更多的还是集中在技术上，但是我们认为其对经济和社会的影响同样值得讨论。

本书由 0xAres 主编、a15a 的众多研究者共同完成撰写：Koshinn 撰写了第 2 章的“从 Web1.0 到 Web3.0”一节、第 5 章，以及第 6

章的部分内容，并做了大量的资料收集、审阅和修订工作；Coding 撰写了与技术相关的部分，包括第 3 章和第 4 章中关于 NFT 协议标准的内容；JackRyan 撰写了第 4 章中关于 NFT 审美趋势的内容和与 0N1 Force 相关的内容，以及第 9 章的部分内容，并为第 6 章提供了一些案例素材；RealDora 撰写了第 2 章中关于三箭资本的内容，以及第 7 章中关于 DeFi 的部分内容。0xAres 撰写了其余内容，负责全书框架搭建和内容疏理，并对本书进行统稿。另外，还要感谢 0xWilsonHua、Kinjo、0xManTingPao、Daoxin、Duanduan、Chris、Peter 在内容或思路上给予的支持。

a15a 是一个由志愿者组成的 Web3.0 研究小组。我们之所以写本书，主要是因为 Web3.0 的热度日益走高，经常有朋友来询问相关概念，或者询问是否有相关书籍可以系统地介绍 Web3.0 基础知识。我们在调研时发现中文出版物在 Web3.0 领域较少，而网上的内容质量参差不齐，充斥着大量由机器翻译英文资料而来的低质量中文资料，错误类型五花八门。于是，我们决定写一本书向大家科普 Web3.0。作为一本科普书，我们其实不想写得太多，担心内容过多会“劝退”刚入门的朋友，但是 Web3.0 涉及的领域颇广，取舍很难。另外，Web3.0 的发展速度太快，每天都有新技术、新项目出现，素有“圈里一天、人间一年”的说法，所以未能将很多新项目加入实例，这是一大遗憾。总之，由于篇幅所限，本书内容仍有未完善之处，我们希望未来有机会在修订版或者系列书中进行补充。

本书的封面图片主要来自一个名为 Mfers 的 NFT 项目。在即将成书之时，a15a 向 Mfers 社区征集了 100 多个头像，将其用于封面设计。之所以选用 Mfers 头像，是因为其创作者宣布任何人都可以无须署名地随意使用（包括商用）或者二次创作该头像（即支持 CC0 协议）。我们认为这正是 Web3.0 精神的体现。我本人截至出版时并未持有 Mfers 头像，但这不影响我力推将其用于本书的封面。我希望未来有更多的人会因为喜欢一个头像的设计或者其代表的文化思潮去传播它，而不是因为自己持有这个 NFT 头像为了利益去传播它。

另外，感谢哔哔大队社区和设计师牙膏人在本书第 3 次印刷时提供了头像素材。遗憾的是，出于版权方面的考虑，我们未能将所有收集到的头像悉数展示，希望未来能以其他方式展示。

特别提示：第 1 章并没有印刷错误。首先，因为 Web3.0 尚处于早期阶段，所以其定义并不明确。其次，秉承 Web3.0 的共创理念，我们希望你能带着问题来阅读本书，在阅读中形成自己的认知。请你将本书作为第一次 Web3.0 实践，与 a15a 共同完成创作。

本书的稿费将全部用于与 Web3.0 相关的教育、普及、研发及推广，暂由 a15a 代为管理，在合适的时候会以 DAO 的形式重新组织。另外，作为第一本 Web3.0 科普图书，本书可能有错误，因此会拨出一部分稿费用于奖励找到错误的读者。找到错误的读者请发送邮件到 aresblockchain@gmail.com 与我们联系。

0xAres

2022 年 3 月 11 日

目 录

01

第 1 章
什么是 Web3.0

在共同探讨什么是 Web3.0 之前，笔者想先向大家介绍一种简称为“WWH”的学习思维，即在迅速了解一个概念时只需要问三个问题：What（是什么）？Why（为什么）？How（怎么做）？

请你带着这三个问题阅读本书，并在阅读完全书后在本章的空白处写下你的答案。

1．Web3.0 是什么？

2．为什么会产生 Web3.0?

3．Web3.0 是如何运作的？

02

第 2 章

当谈论 Web3.0 时，我们在谈论什么

从 Web1.0 到 Web3.0

相信大家都听说过 Web 这个词，如果没听说过 Web，那么一定听说过万维网（World Wide Web）和互联网（Internet）。

从概念上来说，互联网就是由计算机互联而形成的大型网络系统。万维网则是在互联网基础上发展出的一个应用层的服务，浏览器是其最常见的表现形式。万维网通过超文本传输协议（HTTP）实现了全球信息资源的互通互联，使用户可以随时通过网络访问各种信息资源。

因此 Web 就很好理解了，你可以把它当作一种对信息的存储和获取进行组织的分布式信息系统。打个比方，有个东西可以把你写过的笔记、用过的书、查过的资料、你的病历、做菜的菜谱等信息都存起来，并像字典一样建立了一个索引系统，甚至分类建立索引，以便在任何时间都可以通过搜索方便地找到它们，拥有这个功能的东西就叫 Web。需要注意的是，这种“存入”是需要你主动完成的，同时 Web 基于互联网的技术，可以实现不限于你的信息的存储和索引。

早在 1945 年，Web 的概念尚未出现的时候，就已经有人提出过类似的对信息进行组织的设想，即把书籍、磁带、信件和研究结果等信息都存储在一个“记忆拓展设备”上，该设备的辅助设施能帮助用户完成查找。这简直就是一个世界大脑——所有信息都可以存储进去，所有人也都可以对其进行访问。这一设想的提出者为美国科学研究和发展办公室（Office of Scientific Research and Development，OSRD）的范内瓦·布什（Vannevar Bush）。在他之后，又不断有人提出类似的设想，期间也有人尝试做出实践，但并未得到广泛的推广和应用。

直到 1990 年，欧洲粒子物理研究所（CERN）的蒂姆·伯纳斯·李（Tim Berners-Lee）开发出了适用于互联网的超文本服务器，实现了计算机之间超文本标记语言（HTML）的存储与读取，并在此基础上架设了人类历史上第一个网站（域名为 info.cern.ch）。

你可能不相信，现在正被人们用来快乐“冲浪”的万维网的发明者发明它的初衷仅仅是方便研究小组之间更加便捷地进行信息互通。随着技术的进一步发展，一些企业嗅到了万维网中蕴藏的商机。1994 年，网景通信公司成立，发布了在当时获得极大成功的浏览器 Netscape Navigator。随后，微软也开发出了 Internet Explorer 浏览器。当时，这两种浏览器产品在市场中逐渐形成了垄断局面，基于万维网的各种应用开始涌现。

可以看到，万维网在诞生初期被用于在学术小圈子内互相交流，随后被用于商户间单向传播，最后被用于用户之间互相交流。Web从本质上来说的确是一种对信息的存储和获取进行组织的分布式信息系统。有了信息的互通，就必然存在信息的传播者、传播渠道、接收者、信息的表现形式、互动方式等。

我们可以从上述概念入手来理解 Web1.0、Web2.0、Web3.0 的差别。

Web1.0

Web1.0 出现于 20 世纪 90 年代。那时，互联网刚开始普及，由于技术和硬件发展的限制，传播者往往是一些商户，用户通过网站被动地接收信息，二者之间几乎不存在互动关系，信息内容通常是为商家服务的广告。

如果你曾经历过那个年代，那么应该还可以回忆起风靡一时的搜狐、网易、新浪等门户网站。在这些网站上，你能做的仅仅是搜索和浏览，像评论和点赞这样的交互在 Web1.0 的世界里根本不存在。

在信息的表现形式上，受到当时网络的限制，实时信息是通过文字的形式向用户展示的。如果你在当时看一场球赛直播，那么通过网站看到的会是类似于这样的一段段文字："6 时 6 分 6 秒，6 队的 6 号球员接到 6 队 3 号球员的传球后命中了三分球，当前比分为 3：0"。

Web2.0

Web2.0 时代就是我们当下所处的时代。在 Web2.0 时代，技术和硬件的发展、平台类公司的兴起及整体经济水平的提升，让互联网世界中的角色更加多样化：信息的传播者由原先较为单一的商户变成了所有人，接收者的规模也因硬件的发展和普及进一步扩大，传播渠道由原先的浏览器网页变成了各式各样的平台，这些平台承载的信息既可以是服务于商家的产品广告信息，也可以是用户自发创作的内容，信息的表现形式由网页上的图文信息演变为更加丰富的图文信息和音视频并茂。用户与网络的关系不再局限于简单的被动阅读，而变成了双向互动。一方面，用户可以创建自己的内容，并通过在互联网上发布内容获得一定的收益。另一方面，平台依托用户创作的内容（UGC）吸引更为多元、庞大的用户群。我们目前看到的大多数平台都是依托用户创作贡献来维持运转的，如视频平台、媒体平台、兴趣分享平台、博客等。

除此之外，中心化是其最显著的特征之一。尽管最初许多企业声称要打造去中心化的 Web2.0，但从其发展结果来看，大量通信信息和商业活动均集中于少量科技巨头旗下的封闭平台上，互联网沉淀的价值大部分也是由少数公司掌控的。

发展到现在，Web2.0 已经呈现出了传播端过剩、渠道过载、用户注意力短缺、无法满足用户的价值需求等问题。Web3.0 这一概念就是承载着人们对于 Web2.0 中种种问题的不满而诞生的，与其说 Web3.0 是即将到来的下一代互联网，倒不如说它是人们理想形态的互联网，因此，也可以把 Web3.0 理解为去除了当下 Web2.0 所有缺点的新世界。如果你了解了 Web2.0 的缺点，自然也就知道 Web3.0 的愿景是怎样的了。

对于 Web2.0 的弊端，相信每一位互联网用户都已深有体会。

（1）过于机械化的验证：过于机械化的“人机验证”以确认你的人类身份。

（2）账户安全性无法保证：你在登录多年未登录的账户后可能会发现所有内容或文件都不存在了。

（3）账户隐私无法保证：手机号等个人信息被泄露，各种广告、骚扰电话让人不胜其烦。

（4）不良竞争格局：在平台发展的中后期，随着其用户数量和影响力的增加，平台与用户和早期相关利益者的博弈关系便会由原本的合作转为零和博弈。例如，平台为了继续保持增长态势，会做出利用用户数据进行不良竞争的行为，这在很大程度上限制了互联网生态的长远、繁荣发展及内部的创新。

（5）对监管机构的强依赖：Web3.0 概念的提出者 Gavin Wood（林嘉文，是以太坊的联合创始人，也是 Polkadot 的创始人）曾表示，Web2.0 这种依赖监管机构来确保信任的中心化模型，使得产业发展受限于监管机构的行政效率、数量等因素。例如，由于监管机构效率低下，一些新兴产业的发展无法得到有效认证，而监管机构的不完善也常常会导致其与行业间存在“旋转门”[①]关系。

---

①“旋转门”现象指的是个体为了牟取利益，在公共部门和私人部门之间流动转换的现象。由于这种转换是双向的，就像旋转门一样，因此被称为“旋转门”现象。

Web3.0

知道了 Web2.0 的缺点后，Web3.0 的特征就清晰了。

统一的身份认证

相信很多人都体验过在使用新平台时无处不在的“用手机号和验证码登录”。在平台迅速迭代、应用遍地开花的当下，你的手机信息里可能堆满了服务商发来的验证码，或者在登录某个不常用但又必须登录的平台时发现自己忘了密码，然后不得不接受多个密码保护问题的灵魂拷问，诸如“我的初中同桌叫什么”“我的第一只宠物叫什么”等。

在理想的 Web3.0 世界中，身份认证将会由一个统一的平台进行，那么上述情况将不复存在了。你既不需要记住各个平台的账户名和密码并确保每个密码都被安全保存，也不需要担心账户名和密码被泄露的问题。

数据确权与授权

正处于 Web2.0 时代的你一定经历过大数据推荐、大数据杀熟或者数据监听等。比如，上午看过的机票，多点击了几次，在下午回来看时就会发现价格暴涨；经常吃的外卖，越吃越贵；在逛电商平台时，推荐的都是你平时搜索过的，甚至是和朋友聊天时聊过的。在 Web2.0 世界里，平台似乎对你无所不知，对你的喜好、你的消费水平，甚至你的感情状况，它都一清二楚。这是平台长期基于对用户数据的积累和分析实现的，平台可以通过你的数据获得更多收益，例如向特定的用户群投放特定的广告，从而获得广告收益。在这个过程中，你既被窥探了隐私，又无法从中获取任何“提成”。在 Web3.0 时代，基于区块链技术的数据确权与授权将改善数据归头部平台私藏的情况，用户可以掌握个人数据的使用权和所有权，个人隐私可以得到很好的保护。网站或平台对用户数据的获取必须要获得用户的许可，一切不再以平台为中心，而是以用户为中心，形成去中心化的格局。

无须信任

在中心化的 Web2.0 世界中，我们的信任依赖于中心化机构的认证，在 Gavin Wood 看来，“信任”的本质是“信仰”，信任也意味着权利的让渡。当不得不授权某个中心化机构进行某些操作时，你也允许了该机构可以任意使用你的这一权利，长此以往，权利滥用等现象必然会出现，信任也将变得盲目。

在 Web3.0 世界中，基于区块链技术实现的去中心化服务为“无信任”提供了可能。例如，对一笔发生在区块链上的交易，任何人均可参与对交易信息真实性的确认而不再依赖一个受到“信任”的中心化机构。这也是 Gavin Wood 所说的“多一些真实，少一些信任”，用户可以通过自己亲自确认事实来达成信任共识，而非对中心化机构盲目信任。

打破垄断

人们对 Web3.0 寄予了许多期待，其中打破 Web2.0 的垄断格局当属这些期待中最为宏伟的终极目标，尤其是打破平台型企业的垄断。在列举 Web2.0 的弊端时，我们已提到其由垄断、各自“抢地盘”而引发的不良竞争关系，其实与其说这是 Web2.0 的弊端，不如说这本质上是中心化的弊端，而此类情况在以“去中心化”为精神内核的 Web3.0 世界中是完全不会发生的。在 Web3.0 的应用里，我们常常可以听到“生态”这个词语。一条区块链发展得好坏，与其链上生态繁荣与否一般有着很密切的关系。通常判断繁荣程度的标准就是应用的丰富性和易用性。不同于 Web2.0 世界中少数巨头各自抢占地盘，在 Web3.0 世界中，公链通常会鼓励生态项目多元化发展，营造公平和公开的竞争环境，跨链工具的出现和成熟让各条公链愈发处于和谐共处、合作共进的状态。

然而，从现实来看，Web3.0 的发展与上述特征之间仍存在一定的距离。因此，目前许多对 Web3.0 是什么的解释都带有理想主义的色彩，同时必然会存在现实主义者批判的声音，二者并无对错，且将答案交给时间。

Web3.0 的资本推手

资本为什么入场 Web3.0

在 Web1.0 时代，资本（指的是投资公司）对项目盈利能力的判断往往都集中在用户规模和用户点击量上，后续的上市、增值服务等均以这些数据作为判断标准。像搜狐、百度这些起步较早的门户网站在当时对资本来说就是好的标的。

在 Web2.0 时代，资本继续依循用户逻辑对各大应用、平台、企业进行投资，经过几轮迭代发展，一批互联网巨头诞生了，而早期投资它们的资本也赚得盆满钵满。无论是否赶上这个互联网红利期，资本们都已经充分认识到了把握风口的重要性。

尽管 Web3.0 的发展在当下尚处于“概念”阶段，但早期对此领域进行投资的资本现在已获得了巨额的回报，其中既有一些专为 Web3.0 成立的新兴资本，也有一些已将触角伸到 Web3.0 的 Web2.0 传统资本。

从整体的投资格局来看，一方面，传统资本更偏向于投资那些在逻辑上仍带有 Web2.0 色彩的应用，比如以借贷、期权等传统玩法为主的金融类应用。新兴资本则更偏向于投资社交类、图像类等更为新颖、实验性的应用。这些应用在圈内分别被称作“old money”和“new money”，前者的意思是在 Web3.0 的世界里，仍采用 Web2.0 的商业逻辑和玩法的应用，后者则指的是在 Web3.0 的世界中遵循 Web3.0 理想而出现的应用。另一方面，虽然底层技术类项目和应用协议类项目[①]的热度在融资市场上平分秋色，但是从投资数量上来说

---

① 底层技术类项目主要指各大公链项目，如以太坊（Ethereum）、Conflux、波卡（Polkadot）等，应用协议类项目则是建立在底层技术上的各类去中心化应用，如 DeFi 类的 Uniswap、Compound，游戏类的 *Axie Infinity* 等。

后者要多得多，其原因显而易见，即两者的基数本来就相差悬殊。

Web3.0 为什么需要资本

对于一个充满新技术的新时代，在难以获得传统信用贷款服务的情况下，Web3.0 的发展要依赖大量风险投资基金的支持，而这种支持往往不限于资金。

声誉和流量

一个项目要想迅速提高知名度和可信度，找一个权威资本来投资是成本最低的选择，尤其对较难获取人们信任的 Web3.0 的新项目来说。这就像你去找工作，公司会看你的学历、工作经历一样。如果你毕业的高校为名校或曾在知名的企业工作，那么这些就会变成你的背书，为你的能力增加可信度。简单来说，如果你要向别人输出你的观点，那么最可信的方法不是说“我觉得……，我认为……，所以……”，而是引用业内权威人士/权威机构的发言，比如“人民日报曾经发布新闻说，……”，这样一来，可信度便会大增。这个道理对 Web3.0 的新项目来说一样管用，如果没有权威资本投资，做到可信就需要大量的时间成本、人力成本等。当你一步一步、稳扎稳打地做起来的时候，别人可能已经在资本的背书下吸引了更优质的人力资源和市场资源。尤其对于 Web3.0 的新项目来说，因为 Web3.0 是一个新兴概念，所以在提高可信度上要比传统互联网公司难得多，在这种情况下，就更需要有眼光、有信誉、有实力的资本介入，以最快的方式提高项目的可信度。例如，a16z 被认为是 Web3.0 领域最知名的投资公司之一，早期在传统互联网领域有不错的投资成绩。因此，a16z 投资的项目，往往会得到圈内外高度关注，并且大家会默认这是一个优秀的项目。

资源

关注过传统风险投资行业的人一定知道，对于风险投资来说，资源的积累是至关重要的。尤其在竞争激烈的赛道中，一个投资方要想如愿匹配到优质项目，除了雄厚的资本支持，丰富的资源也是必备的“软实力”。以娱乐圈为例，假如你是一个艺人，当选择经纪公司时，除了看重经纪公司在版权、经济利益分配上的表现，更看重的应该是其在业内有没有积累好的影视资源、音乐资源、渠道资源等。对于一个艺人来说，最重要的不是短期内赚钱，而是长期、稳定的发展，而这一点恰恰需要的是公司的综合资源。对于 Web3.0 项目来说也如此，一个想要好好做事的项目，需要的不仅是一个只会给钱的投资方，还要是一个认可其发展目标、拥有丰富的可对接资源并愿意在其发展过程中给予支持的保姆型投资方，从而在其未来的发展中全面配合。

阅历

不听老人言，吃亏在眼前。对于缺乏经验的人来说，有前人的指导可以少走许多弯路。对一个新兴领域的新项目来说，已经投资过多个类似项目并已有成功经验的投资方是更好的选择。这种投资方可以帮助项目规避一些不必要的风险，从战略层面给项目方提出建设性的意见。例如，怎么制定融资的时间线、怎么选择融资的方式、如何配置人力资源等，特别是当面临可决定项目大的发展方向上的关键取舍时，有经验的投资方能帮助项目方做出更为理智的选择。

从上述几点中可以看出，Web3.0 是一个新兴概念，其新项目从各方面来说，想要实现初期的快速发展，资本的介入是必需的。

不过，资本的涌入又会带来以下两个方面的影响。

一方面，这种投资的方式仍属于 Web2.0 的“传统玩法”。因此，拥抱传统资本的 Web3.0 究竟是由大众所有的去中心化世界，还是实质上由资本掌控的中心化世界呢？就像推特创始人 Jack Dorsey 曾提出的质疑一样——Web3.0 由资本而非公民所掌控。在 Uniswap 的赠款事件中（见第 6 章“资本暴力问题”一节），我们会看到人们对 Web3.0 世界中发生资本暴力可能性的担心，即一些资本可能会选择“唯利是图”的投资策略介入项目的发展，而不是以项目的长期可持续发展为目标。因此，常常有人问，Web3.0 究竟是否需要大资本的支持和如何确定一个资本是“好”的资本？

另一方面，即使大多数人对一些权威资本的选择十分信任，也难免会有对资本联合炒作、造概念的担心。对此，似乎目前并没有很好的解决方案。也许在未来相关监管会更加完善，或者最终这些 Web3.0 领航者们能以“更 Web3.0 的方式”探索一种新的公众监管和自证清白的方式。

Web3.0 的资本状况

从有 Web3.0 这个赛道以来，2021 年是资本出手最为阔绰的一年。

根据 Galaxy Digital 2021 年 12 月报告，截至 2021 年年底，风险投资公司对加密行业和 Web3.0 相关企业的投资规模高达 330 亿美元，该年投资规模超过了往年对此领域投资规模的总和。其中，在 2021 年第四季度，加密/区块链领域的企业的平均估值为 7000 万美元，与其他传统风险投资领域的 2900 万美元相比高出 141%，过高的估值除了显示区块链/加密/Web3.0 行业更受风险投资的追捧和青睐，也意味着在区块链/加密/Web3.0 行业投资市场的竞争更加激烈。

根据 PitchBook 2021 年 11 月公开的一份关于风险投资公司在 Web3.0 和 DeFi（去中心化金融）领域的报告，在 31 个细分市场中，Web3.0 和 DeFi 最受投资者青睐。截至 2021 年第三季度，风险投资公司对这两个领域相关的投资规模已超过 13 亿美元。金融科技领域紧列其后，投资规模为 8.6 亿美元。风险投资公司对 SaaS 企业的投资规模为 4.93 亿美元。值得关注的是，游戏在该年得到了更多风险投资公司的关注，投资规模为 3.87 亿美元。在第 7 章，DeFi 作为 Web3.0 在经济领域的新产物将会被详细介绍。

广义的投资方按照入局阶段主要分为一级市场和二级市场的风

险投资方。两者的分界点是公募轮投资，一级市场指的是公募之前的投资轮次，包括天使轮、种子轮、私募轮投资，通常参与的投资方有风险资本（Venture Capital，VC）、成长资本（Growth Capital）、个人投资人等；二级市场的投资方包括那些通过数字资产信托和指数基金入场的与通过交易所直接购买数字资产的机构或个人，例如 2021 年多家上市公司（比如特斯拉和微软）将数字资产加入它们的资产负债表中，黑石集团、摩根大通、高盛集团等也添加或者增持了加密资产。

从“资本为什么入场 Web3.0”一节中，我们看到 Web3.0 和资本之间目前是互需互利的关系。对于 Web3.0 领域的资金规模来说，目前的 Web3.0 领域并不缺乏资本，甚至呈现出了资本间互相“抢地盘”的状况。根据 The Block Research 发布的《2022 年数字资产展望》报告，加密和区块链领域在 2021 年通过 1703 笔投资总共得到 251 亿美元，这比从 2015 年至 2020 年六年的总和还多。其中，比较活跃的资本除了专注于加密领域的新兴投资方，也不乏一些在 Web2.0 时代就已经声名显赫的资本“巨舰”。新老资本的交替接力，逐步使投资领域走向多元化和专业化。区块链游戏、元宇宙，以及 Social+DeFi 等创新型区块链概念企业因此得到了更多的扶植发展。

The Block Research 在报告中总结的各个投资机构所投资的独角兽项目如图 2-1 所示。

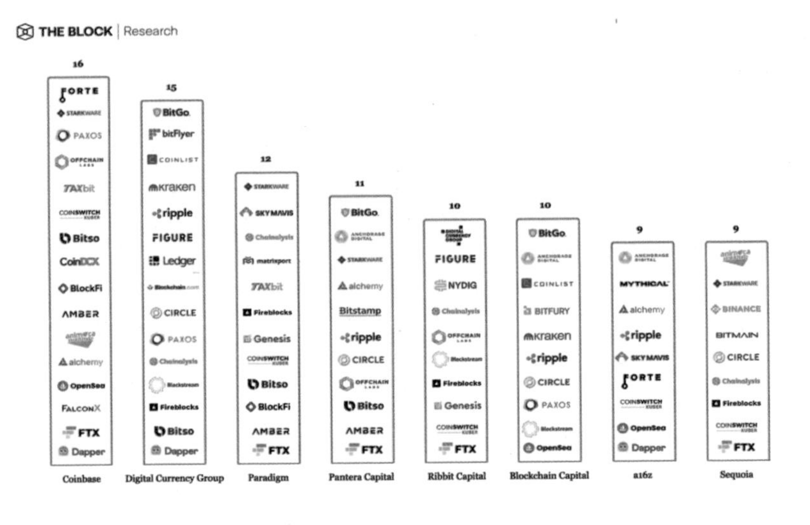

图 2-1

红杉资本（Sequoia Capital）

红杉资本于 1972 年在美国硅谷成立。红杉资本作为第一家机构投资人投资了 Apple、Google、Cisco、Oracle、Yahoo!、LinkedIn 等众多创新型公司。2021 年 12 月，胡润研究院发布《2021 全球独角兽投资机构百强榜》，红杉资本排名第 1 位；在《2021 中国独角兽投资机构 Top 30》中红杉资本中国基金（简称红杉中国）亦排名第一。

据红杉资本官网介绍，其始终致力于帮助创业者成就基业长青的公司，为成员企业带来全球资源和历史经验。红杉资本在美国、中国、印度三个国家设有本地化的基金。相信大家对红杉中国的事迹已有所耳闻。成立于 2005 年 9 月的红杉中国是由沈南鹏与红杉资本共同创办的，其愿景是作为创业者背后的创业者，主要投资领域有科技/传媒、医疗健康、消费品/服务、工业科技。自 2005 年 9 月创立以来，红杉中国投资了 500 余家企业，深入互联网行业。其投资的许多企业都是我们非常熟悉的，如京东商城、阿里巴巴、蚂蚁金服、京东金融、今日头条、新浪、饿了么、斗鱼、滴滴出行、拼多多、快手、爱奇艺等。

虽然红杉资本对 Web3.0 的布局并不算早，但其影响力不容小觑，甚至可能很多人开始认真思考“什么是 Web3.0”及“什么是 DAO”这两个问题就是从红杉资本的推特账户改简介开始的。

2021 年 12 月 8 日，红杉资本将其官方推特账户的简介从“帮助有冒险精神的人创建伟大的公司”改为“从想法到落地，我们帮助富有冒险精神的人来打造伟大的 DAO”，如图 2-2 所示。

$SEQUOIA
@sequoia
Mainnet faucet. We help the daring buidl legendary DAOs from idea to token airdrops. LFG

图 2-2

其中的“buidl”借用了 Web3.0 圈内的说法“hodl”（意思是拿住

别卖）。一时间，“红杉资本改简介”“红杉资本入局 Web3.0”的言论满天飞，实实在在地吸引了一大批从未听说过 Web3.0 的传统互联网人，让他们把目光聚焦到相关的区块链、加密、DAO（Decentralized Autonomous Organization，去中心化自治组织）领域。红杉资本的这一举动成为除了 Brian Brooks 在美国众议院的听证会上向议员科普 Web3.0 之外另一个让 Web3.0 进入公众讨论领域的重要推手。

虽然红杉资本很快又把推特账户的简介改回去了，但是在 Web3.0 领域的布局却是实打实的。仅在 2021 年这一年之内，在红杉资本公开披露的投资金额最多的 91 笔投资中，与区块链相关的投资就有 10 笔。2022 年刚开年，红杉印度又领投了 Web3.0 基础设施、Layer2 龙头项目 Polygon。

a16z

a16z 这个名字源自其两位创始人的名字 Andreessen 和 Horowitz，从 A 到 z 中间有 16 个字母。从互联网到区块链，a16z 几乎在每次时代变革中都占据领导地位。其在 Web2.0 时代投资的 Facebook、Groupon、Skype、推特等项目现今都已成长为行业巨头。

2019 年 3 月，a16z 申请成为 RIA（Registered Investment Advisor，注册投资顾问），以寻求更大的投资灵活性，尤其对加密资产领域。在 Web3.0 领域，a16z 现已投资 Coinbase、dYdX、Solana、OpenSea、Uniswap、MakerDAO、Compound、Dapper Labs、Arweave、Optimism 等多个区块链明星项目。在 Coinbase 上市后，a16z 以 14.8%的股份

成为其第二大股东，成了最大的外部赢家。

2021 年 6 月 24 日，a16z 再次募集 22 亿美元资金，成为资金管理规模最大的加密风险投资机构。目前，a16z 的加密基金规模超过 30 亿美元。亮眼的投资成绩和雄厚的资本规模让 a16z 成了加密货币投资的风向标，在圈内备受关注，号召力极强。

从目前的布局来看，a16z 首先侧重于数据/隐私/安全基础设施，投资了 Orchid、Aleo、Arweave、Oasis Labs；其次是数字资产、NFT（None Fungible Token，非同质化通证）和创作者领域，投资了 Rally、OpenSea 等；在交易所领域，除了早早布局 Coinbase，a16z 也赶上了去中心化交易所的热潮，投资了 Uniswap 和 dYdX。

值得一提的是，a16z 在政治上也很积极，多次以各种方式试图提升 Web3.0 理念在美国政界的认可度。2021 年，美国国会曾考虑收紧对加密货币行业的税收监管。消息一公布便遭到美国加密行业一致反对。针对这一举措，a16z 的创始人 Andreessen 于 2021 年 8 月给美国国会写了一封公开信，在信中写道，“不能因为一个有缺陷的法案而牺牲明天的经济机会”。

这并不是 a16z 第一次在公开渠道表达对 Web3.0 和加密资产的支持，也不是最后一次，事实上这只是其众多宣传 Web3.0 并扩大其影响力的尝试之一。2021 年 12 月 17 日，a16z 在发表的一篇文章中提到其做了一项民意调查以评估 Web3.0 支持者对美国中期选举的影响。调查表明，现在 1/5 的美国人拥有数字资产，79%的选民表示更有可能在选举中投票给支持Web3.0的候选人。a16z的结论是，Web3.0的支持者总体上更年轻、更多样化、更具适应性，美国选民希望政策制定者能够支持 Web3.0。

Coinbase Ventures

Coinbase Ventures 成立于 2018 年，不是一家传统意义上的公司，因为没有固定的基金规模，也没有全职员工。根据 Coinbase 总裁兼首席运营官 Emilie Choi 的说法，这种组织结构是特意设计的——作为一个“对 Coinbase 期待实现的去中心化金融的实验”。

与其他将 Web3.0 作为新投资领域的传统风险投资机构不同，Coinbase Ventures 似乎就是针对 Web3.0 成立的风险投资机构，毕竟它同时也是一家加密货币交易所的投资部门。Coinbase Ventures 在成立的三年中支持了超过 150 个项目，其中不乏在币圈几乎人尽皆知的 BlockFi、NFT 交易平台 OpenSea、数字藏品制作商 Dapper Labs 及区块链初创公司 StarkWare 和 TaxBit。还有一点与其他投资者不同的是，Coinbase Ventures 的风险投资来自资产负债表之外，而非专门的基金。另外，从组织形式上看，Coinbase Ventures 更愿意加入由其他风险投资公司牵头的轮次，而不是占据董事会席位。

从 Coinbase 公开披露的报告来看，仅 2021 年第三季度，Coinbase Ventures 就已创纪录地完成了 49 笔投资。

从赛道布局来看，Coinbase Ventures 将投资市场划分为协议

+Web3.0 基础设施、去中心化金融（DeFi）、中心化金融（CeFi）、平台+开发工具、NFT/元宇宙（Metaverse）和其他，如图 2-3 所示。其中，协议+Web3.0 基础设施的占比最大，接近三成（29%），然后分别是去中心化金融（24%）、中心化金融（18%）、平台+开发工具（15%）、NFT/元宇宙（9%）。可以看到，2021 年 Coinbase Ventures 把重心放在 Web3.0 上。

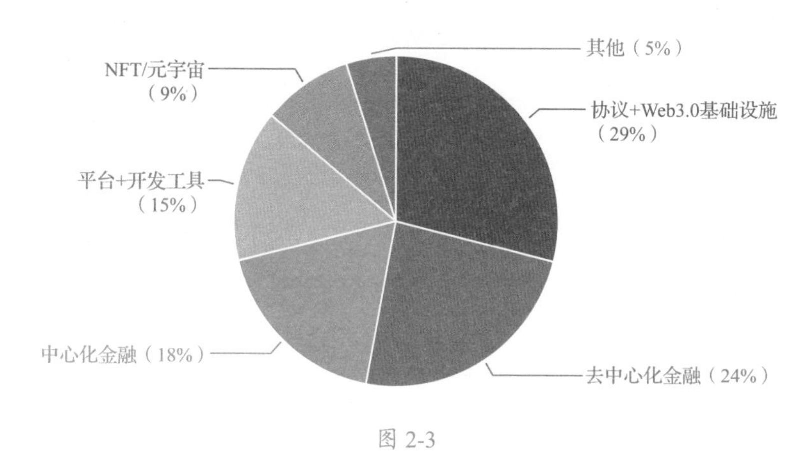

图 2-3

Paradigm

Paradigm 是一家专注于支持加密及 Web3.0 公司和协议的投资公司，如图 2-4 所示。与其他投资公司不同的是，Paradigm 乐于在除了投资之外的其他领域给予项目支持。它经常在项目的最初阶段参与进来，随着时间的推移为其投资对象提供额外的资本，并采取深入实践的方法从技术（机制设计、智能合约安全、工程）到运营（招聘、监管策略）等各个方面帮助项目充分发挥潜力。

About　Team　Portfolio　Writing　Opportunities　Contact

Paradigm backs disruptive crypto/Web3 companies and protocols with as little as $1M and as much as $100M+.

Every once in a while, a new technology comes along that changes everything. The internet defined the past few decades of innovation. We believe crypto will define the next few decades.

Paradigm is an investment firm focused on supporting the great crypto/Web3 companies and protocols of tomorrow. Our approach is flexible, long term, multi-stage, and global. We often get involved at the earliest stages of formation and support our portfolio with additional capital over time.

We take a deeply hands-on approach to help projects reach their full potential,

图 2-4

Paradigm 在其官网的介绍中宣称，其以最低 100 万美元、最高 1 亿美元的价格支持颠覆性的加密及 Web3.0 公司和协议。“每隔一段时间，就会出现一项改变一切的新技术。互联网定义了过去几十年的创新。我们相信加密货币将定义未来几十年。”从这段官网介绍中就能看出，Paradigm 是 Web3.0 的坚定信仰者。

Paradigm 的最著名的投资项目包括美国最大的加密交易所 Coinbase、拉丁美洲交易所 FTX、去中心化交易所龙头 Uniswap、MakerDAO、Layer2 扩容方案 Optimistic 等。尤其为人津津乐道的是其对 Uniswap 的种子轮领投，甚至不能说是“投资”，而是“押注”，因为 Paradigm 是当时 Uniswap 少有的支持者。2019 年，Uniswap 在进行种子轮融资时，在 Paradigm 领投下获得的投资金额只有 100 万美元；等到 2020 年 8 月进行 A 轮融资时，Uniswap 已经有 1100 万美元的资金支持，由 a16z 领投、Paradigm 跟投。

Pantera Capital

2003 年，Dan Morehead 创建了对冲基金管理公司 Pantera。10 年后，该公司将业务重心转向了数字货币并于 2013 年在美国推出了第一只加密货币基金 Pantera Bitcoin，此时 BTC（比特币）的价格仅为 65 美元。同年，Pantera 成立了自己的区块链和数字资产风险基金 Pantera Capital，自此成为美国第一家专注于区块链的资产管理公司。Pantera Capital 的官网如图 2-5 所示。自 2013 年成立以来，该公司已经支持了 90 家区块链公司和 95 笔早期通证（Token）交易（如图 2-6 所示）。2021 年 11 月 24 日，据科技新闻网站 The Information 报道，Pantera Capital 为其第四只基金筹集了 6 亿美元资金，将投资于风险股权、已推出的加密 Token 和正在开发 Token 的项目、协议或公司。

从投资结构上来看，Pantera Capital 近年的重点投资赛道在交易所，包括中心化的（如 Coinbase、FTX、Bisto、Bitstamp 等）和去中心化的（如 Uniswap、DoDo、Balancer 等）；其次是区块链网络层的基础设施，如 Celer、Acala、Origin、0x 等；再次是隐私、数据、安全类基础设施，如 API3、Alchemy、Doc.ai 等。

图 2-5

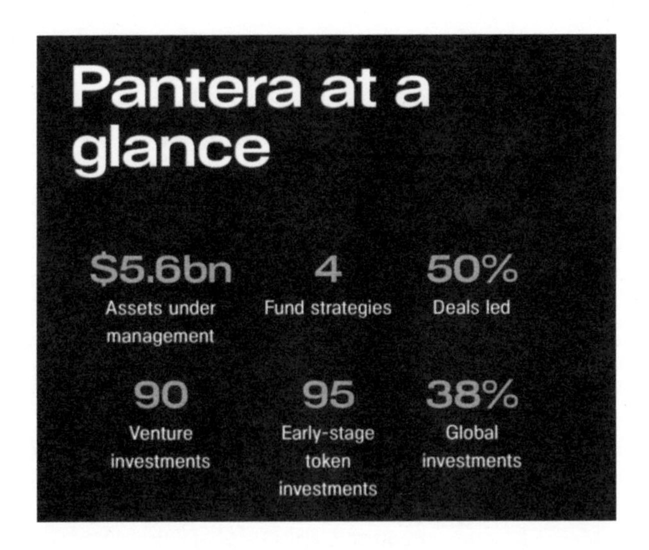

图 2-6

Animoca Brands

Animoca Brands 于 2014 年由萧逸在中国香港创立，次年 1 月在澳大利亚证券交易所（澳交所）上市，当时的设定是专注于动漫 IP 手游开发和数字娱乐。Animoca Brands 在老本行的表现平平，甚至一度要拓展电子书业务为继。2020 年 3 月，Animoca Brands 从澳交所退市。

不过，Animoca Brands 在 Web3.0 领域的投资履历可谓金光闪闪，在短短数年间就从一个游戏开发公司成功转变为一个估值为 50 亿美元的知名风险投资公司。

这一切都要从 2018 年说起，那年 1 月，Animoca Brands 与 Axiom Zen 签署了为期一年的许可和分销协议，使 Animoca Brands 有权在中国独家发行 *CryptoKitties*，分成为净收入的 30%。作为 Web3.0 游戏赛道的先驱，*CryptoKitties* 迅速走红，为 Animoca Brands 带来了不菲的收入。尝到甜头的 Animoca Brands 迅速转变自身策略，开始在加密领域中崭露头角。

同年 8 月，Animoca Brands 用 487.5 万美元收购了 UGC（用户生成内容）游戏平台 *The Sandbox* 的开发公司 Pixowl。如今，*The Sandbox* 已经是元宇宙鼻祖级项目了（见第 5 章）。10 月和 11 月，Animoca Brands 分别投资了 *Decentraland* 和 Dapper Labs（公链 Flow 的开发商）。2019 年 11 月，Animoca Brands 完成了又一项重要投资——以 42 万美元领投了 *Axie Infinity* 的开发商 Sky Mavis 的 146.5

万美元的融资。随着 2021 年下半年元宇宙和区块链游戏的火爆，提前布局该领域的 Animoca Brands 一时风头无两，出手的次数越来越多，其高举高打的投资风格逐渐被更多人认识到。截至 2021 年 12 月，Animoca Brands 已完成了 81 笔对区块链项目的投资，成为当时区块链游戏和元宇宙领域最大的投资方。2022 年 1 月，Animoca Brands 以 50 亿美元的估值完成了最新一轮的融资，融资金额高达 3.588 亿美元。

根据其披露的已投项目情况，Animoca Brands 正逐步完成对行业内的生态布局，区块链游戏、交易市场、DeFi 和基础设施是其重点投资赛道。

Three Arrows Capital

Three Arrows Capital（三箭资本）由 Su Zhu 和 Kyle Davies 于 2012 年创立，总部位于新加坡，是一家提供风险调整回报的对冲基金管理公司。

2012 年，Kyle Davies 和 Su Zhu 在得出当时的市场过于低效的结论后，在他们的公寓创办了三箭资本。时至今日，三箭资本已经是世界上最大的加密货币持有者之一，拥有并管理着价值数十亿美元的投资组合。从它的投资组合来看，三箭资本侧重于以下领域：基础协议层（Base Layer）、去中心化金融（DeFi）、衍生品/股票（Equity）、基金（Funds）、游戏和 NFT 平台（Gaming And NFT's）。

三箭资本早期投资阶段的目标非常清晰，从基础协议层以太坊（Ethereum，ETH）起家，到之后的 Avalanche、Polkadot，以及著名的 DeFi 项目 Aave、Synthetix、Balancer 等。这些项目最终都成为各类赛道的龙头，成功地将三箭资本变成了在整个加密行业中最具有话语权的机构之一。

从 2021 年 7 月起，一直在 DeFi 领域活跃的三箭资本将目光转向了 NFT 市场。其创始人 Su Zhu 曾在社交媒体中声称，他认为由于数字本身的稀缺性、迷因（Meme）经济和元宇宙等原因，NFT 市场还有无限大的想象空间，所以三箭资本购入了 CryptoPunk 和其他的 NFT。同年 8 月底，三箭资本宣布成立 NFT 基金星夜资本（Starry Night Capital）并声称将专注于搜集世界上最好的 NFT 收藏品。

传统 Web2.0 企业的曲折转型路：从 Facebook 到 Meta

除了资本青睐的后起之秀，也有传统 Web2.0 时代的企业试图向 Web3.0 转型，其中不可不提的便是 Facebook。

Facebook 多年来一直紧跟潮流。作为国际知名的头部社交软件公司，其野心远不止把 Facebook 这个产品做到极致。目前，唱片公司因生计所迫都开始拓展酒店、外包业务了，Facebook 这种早已囤积了大量资本的公司自然也不会只满足于运营一款成功的社交软件。近年来，Facebook 在拓展业务线上花了不少心思，尤其在向

Web3.0 的过渡上，其曾计划在 5 年内转型为元宇宙公司，并在 2021 年 10 月 28 日正式把公司名称改成了元宇宙单词的前半部分“Meta”。相应地，其股票代码也改成了“MVRS”，公司的业务布局也开始转向以元宇宙为先。

早期的 Facebook，并没有从一开始就“all in”[①]元宇宙。在其改名之前，大多数人认为 Facebook 在区块链领域的建树只是其发行的数字货币 Libra。从出生开始，Libra 就肩负着“无国界货币”的使命，立志要成为为数十亿人服务的金融基础设施。这一理念直接导致了其白皮书在刚发布没多久、尚处于纸上谈兵时，便遭到全球央行几乎一边倒的抵制，央行们担心其会扰乱金融秩序，动摇本国法定货币的金融地位。在四面楚歌之下，原本呼声极高的 Libra，在 2021 年正式上线时，只留下了简化版的 Diem。

这并不影响扎克伯格对 Web3.0 的执着。从 Meta 目前在元宇宙的布局来看，它几乎已经覆盖了元宇宙的各个生产环节。例如，在硬件层面，Meta 早在 2014 年就已经收购了占据大半个 VR（虚拟现实）市场的头戴式显示设备（简称头显）开发商 Oculus。这些年来，从 Oculus DK1 到最新的 Oculus Quest 2，Oculus 以技术优势和较好的性价比持续占据国际 VR 市场的大半个江山。Counterpoint Research 公布的 2021 年第 1 季度全球 VR 设备品牌的市场份额排行榜显示，Oculus VR 目前以绝对优势排名第一（75%），其次是大朋 VR（6%）与索尼 VR（5%）。除了 Oculus，Meta 在 2021 年 10 月 29 日的 Facebook

① all in 是一种 Meme 用语，意思是超级看好、全力实践。

Connect 2021 大会上还宣布将在 2022 年推出新产品——高端 VR 头显 Project Cambria，并指出 Project Cambria 将是一款采用优化沉浸感、彩色透视及 Pancake 光学元件等先进技术的高端设备，这款产品是 Meta 在高端产品线上的布局。可以看出，Meta 已经有意识地为其 VR 市场做垂直部署。图 2-7 为一名中国小学生高兴地体验 Oculus VR 设备。

图 2-7

在内容上，Meta 的布局依旧强势：在游戏方面，Meta 主要通过投资和收购游戏开发商或影视制作商完成布局，虚拟家园 Horizon Home、线上协作办公平台 Horizon Workrooms 及 2021 年 12 月 9 日推出的 VR 社交平台 Horizon Worlds 都是其元宇宙产品的典型代表。同时，Meta 在元宇宙教育上也做出了巨大投资，宣称要在 3 年内构建一个支持元宇宙学习的生态系统。除此之外，在人工智能领域、日常生活中的交互应用方面，Meta 均有相关成果。虽然在向 Web3.0 转型方面 Meta 做了很多努力，但是市场反响平平。若其想在 Web3.0 时代延续其在 Web2.0 时代的神话，则需做更多努力。

03

第3章

Web3.0的核心技术——区块链

初识区块链

想必你对区块链这个词并不陌生。近几年，各种知名公链龙争虎斗，“互联网大厂”也开始宣传自己的联盟链，各种类型的链上生态项目更有遍地开花的趋势，区块链随之进入大众的视野。

区块链和比特币并非新兴概念。早在 2008 年 10 月 31 日，一个网名叫 Satoshi Nakamoto 的使用者，也就是我们所说的中本聪，发表了一篇名为《比特币：一种点对点的电子现金系统》的论文，文中描述了一个基于 P2P 网络、加密、区块链等技术的点对点的电子现金支付系统。这篇论文第一次提出比特币的概念，标志着比特币的诞生。

可以说，比特币是首个加密数字货币系统，也被认为是首次提出的区块链技术。

2009 年 1 月 3 日，在位于芬兰赫尔辛基的服务器上，中本聪生成了序号为 0 的第一个比特币区块，也就是创世区块（Genesis Block），同时在互联网上线了比特币网络，将比特币落地实现为一个实际运行的区块链系统。2009 年 1 月 9 日，序号为 1 的区块生成，并与创世区块相连接，形成了第一条链，这标志着区块链正式诞生。

区块链是什么

上文中提到区块链诞生的标志是序号为 0 的创世区块和序号为 1 的区块连接形成了第一条链，简单来说，可以把区块链理解为一串包含交易信息的数据块按照时间顺序有序连接组成的链表结构。

在 Andreas M.Antonopoulos 著的《精通比特币》一书中对区块链的描述如下：

> 客户端发起交易后向全网广播等待确认，系统中的节点把若干待确认的交易和上一个区块的哈希值打包放进一个区块（Block）中并审查区块内交易的真实性以形成一个候选区块。
>
> 随后，试图找到一个随机数使得该候选区块的哈希值小于某一特定值，一旦找到该数后系统判定该区块合法，节点向全网进行广播，其他节点对该区块进行验证后公认该区块合法，此时该区块就会被添加到链上，进而区块中的所有交易也自然被判定为有效。
>
> 此后发生的交易依此法类推连接在该区块之后，形成

一个历史交易记录不断堆叠的账本链条。任何对链条上某一区块的改动都会导致该区块的哈希值变化，进而导致后续区块的哈希值变化，使其与原有账本对不上，因此篡改难度极高。

什么是区块

区块是在区块链中用于永久存储数据信息的载体单位。每个区块都包含区块大小、区块头、交易计数器和交易信息。区块在链上有序连接，每一个区块都指向前一个区块。每个区块的区块头都通过 SHA256 算法加密后生成一个独一无二的哈希值，用于识别该区块指向的前一区块（父区块）。

比特币区块链系统采用工作量证明的方式产生区块，区块中会包含一些交易，也就是一笔笔的转账信息，而区块链正是这些转账信息的有序记录，所以我们也称区块链为去中心化的分布式记账系统。比特币的系统通过这种区块包含交易、交易包含转账信息的方式实现了转账的功能。通俗地理解，由“区块”构成的“链”叫“区块链”。

什么是节点

每个安装有区块链客户端软件并连接在区块链网络上的智能设备，不管是矿机、手机，还是服务器等，都可以被称为区块链节点。

区块链节点包括全节点和轻节点。拥有并维护全网所有交易数据的节点称为全节点；只拥有并维护与自己相关的交易数据的节点称为轻节点。

所有节点支撑起了整个区块链网络，共同为区块链的稳定性和安全性提供保障。一个区块链网络的节点越多，这条区块链就越安全、越稳定。

什么是分布式

区块链以点对点网络为基础。在区块链网络中，每个节点都会处理交易，并以工作量为证明进行投票。投票结果也就是所谓的“共识”。在共识达成之后便会更新分布式账本的内容，每个节点都会维护自己的账本记录。每个节点的数据都是独立记录和存储的，共识的制定也源于节点的工作量证明。在区块链网络中，不存在任何“中央机构”去限制节点的正常操作。这也是为什么我们称区块链是完全去中心化的。

有别于中心化系统的数据可更改的特性，区块链的分布式体系具有天然的数据保护的优势。经过节点共同验证的数据存储至区块链上后会被永久储存，如果有恶意节点意图篡改已上链的数据，那么需要同时控制系统中超过 51%的节点来提供工作量证明，而这对于一个节点众多且分布广泛的区块链网络来讲，几乎是不可能实现的。几年前，曾经有人做过计算，如果想篡改以太坊上的某个数据，那么需要全国所有的超级计算机共同进行长达数月的计算。这在当时是不可能完成的任务，更不要说又过去了这么多年，可能性更加微乎其微。

用一个简单的例子来说明这个问题。比如，如何证明“我借给你 100 元钱？”通常有两种方法。一种方法是，在我借给你 100 元钱时，有一个德高望重的长者监督，长者见证了这个过程，而长者的可信度是很高的，于是大家都相信“我借给了你 100 元钱”。另一种方法是，长者不一定一直都在，于是我找了 100 个普通人见证这个过程，这 100 个人虽然可信度存疑，但是如果你想赖掉这 100 元钱，至少要让其中的大部分人改变想法，而这会付出相当大的成本。

通过以上内容，我们可以看出区块链的结构带来的独特特性：去中心化和信息不可篡改（安全性）。

除此之外，区块链还有其特有的匿名性和可扩展性。

区块链的匿名性表现为每个人在区块链上都需要一个以公钥哈希值为标识的虚拟身份。你可以把它简单地理解为你的银行卡号，别人可以往这个账户里转账，但是如果不借助银行系统，他不知道这个银行卡号对应的所有者是谁。这个虚拟身份在完全不涉及线下交易时是无法与使用者本人产生关联的。换言之，一个使用者如果单纯地在区块链上活动且不主动透漏自己的个人信息，那么区块链可以为其提供极佳的匿名性。

区块链的可扩展性主要体现在交易量和节点数量上。交易量主要由网络的吞吐量决定；节点数量则取决于网络硬件设施的性能和成本。

这里就不得不提及知名的区块链三元悖论——区块链系统无法同时满足去中心化（Decentralization）、安全性（Security）和可扩展性（Scalability）这三个特性，最多只能满足其中两个特性，这也被称为“不可能三角”（如图 3-1 所示）。

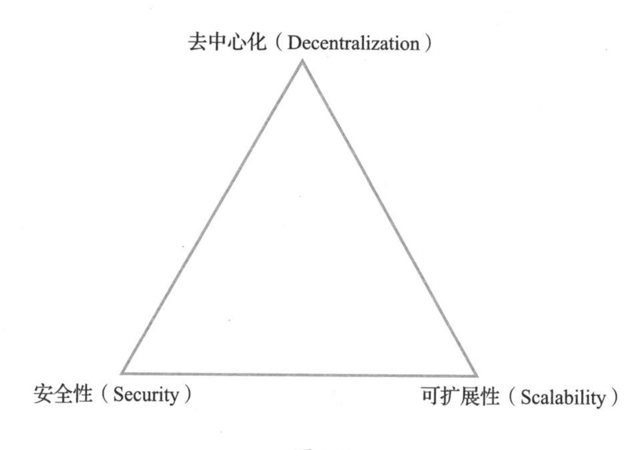

图 3-1

这是因为，一条区块链如果高度满足去中心化和安全性，那么需要所有节点参与计算和存储，这将极大地提高对网络吞吐量的要求和对硬件设施的性能需求，而这样的需求提高带来的是技术限制和高额的设备成本，这就限制了许多节点的加入，因此极大地影响了区块链的可扩展性。在区块链高度满足去中心化和可扩展性的情况下，这条区块链的节点是非常分散的，需要分散计算和存储，也就无法达到全量共识。在这种情况下，攻击这条区块链网络的难度就会下降，当有不可靠节点或恶意节点存在时，整条链的安全将会受到威胁。如果一条区块链想要高度满足安全性和可扩展性，就需要保证参与共识的节点是可信的，而这就需要做到中心化管理。因此，区块链原有的去中心化就会降低。

什么是共识机制

这里提到的共识机制只是冰山一角，各种各样层出不穷的共识机制只是为了能实现一点，即在 Web3.0 去中心化的前提下，通过多方认证的方法来确保系统的稳定性、可靠性及真实性。常用的工作量证明机制对能源的浪费有目共睹。在未来，何种共识机制会成为时代的弄潮儿尚不清楚，但至少一花独放不是春，百花齐放春满园。

工作量证明（Proof of Work，PoW）

比特币、以太坊等大家较为熟悉的公链，均采用 PoW 共识机制。节点在争夺一个新的区块的出块权时，需要对上一个区块的区块头进行某种运算（比如，比特币采用的算法是 SHA256），直到得到目标值，即出块成功。

权益证明（Proof of Stake，PoS）

在 PoW 共识机制中，更多的计算带来了更多的能源浪费，而权益证明则省去了矿机消耗电力的环节，通过使用 Staking（即质押，通常指的是质押一定凭证来获取相关权益的行为，但是 Web3.0 圈内通常会直接使用英文单词 Staking）的数额来提高自己的投票权，只需要进行签名就可以验证。

历史证明（Proof of History，PoH）

PoH 最早由区块链公链 Solana 提出。Solana 验证者通过将时间戳编码为一个简单的 SHA256 序列哈希的可验证延迟函数（VDF）来维护时钟体系。Solana 使用 VDF 并不是为了随机性；相反，验证者使用 VDF 是为了维护自己的时钟。因为每个验证者都维护自己的时钟，所以选择领导者（Leader）在先，进行一个完整的纪元在后。每个验证者都运行 VDF 以证明它已经获得了传输区块和验证者的时间段（Slot），并得到补偿，正如区块生产者会因为生成区块而获得奖励一样。

权威证明（Proof of Authority，PoA）

只有获得权限的节点才能够参与网络治理。PoA 一般用在联盟链或者较为中心化的区块链中，确保整个网络的参与方都是可靠的、值得信赖的。

信誉共识（Proof of Reputation，PoR）

PoR 与 PoA 类似，主要区别在于，PoR 的出块机制依靠每个节点自身的 Reputation 值。影响因素包括品牌形象、品牌价值、链上行为的可信任度等，这与传统的企业评价方式类似，每个企业都需要维护自己的企业形象，以确保自己的产品能够获得市场的认可。

存储证明（Proof of Storage，PoS）

PoS 的投票权根据节点提供的存储空间确定。这种机制的问题在于，矿工只需要在接收到挑战时重新存储该数据，并声明自己拥有存储空间即可获得奖励，无法验证矿工是否持续地存有数据。

区块链的准入门槛

区块链的“嫡系部队”：公链

公链，也称为区块链公链系统，是区块链最基础、底层的网络，其他协议都是在公链网络上进行部署的。在通常情况下，开发协议的第一步就是选择一个或者多个公链网络。

公链有以下几个特点。

完全去中心化

区别于联盟链，公链的最大特点是完全去中心化，链上的任何人都可以读取链上数据并且参与链上的共识过程，任何人都可以部署智能合约和发起交易。链上数据由所有节点共同维护，公链官方只能为它提供技术支持，无法对公链系统中的信息进行操控。

任何人都可以匿名参与

公链无准入机制。公链上通常都有成百上千个节点，任何人都可以成为公链的节点，为整个网络提供运行保障。

下面是对“公链官方如果跑路了，这条链会怎么样”和“公链的官方会不会销毁这条链”两个热门问题的回复。

即便公链官方不再维护公链，只要网络中还有节点在工作，这条公链就会一直存在。对于节点众多的公链系统来说，官方无法销毁超过一半的节点的记账内容，所以“官方销毁公链”这种可能性几乎是不存在的。

数据是全网公开的

公链的链上数据需要所有节点共同维护，也就是说公链的链上交易数据需要对所有节点公开，这样才能证明数据的真实性和有效性。

节点数量多变且不可预知

正是因为公链无准入机制，任何人都可以作为节点加入和退出公链网络，所以公链的节点数量是随时都在变化的，且完全不可预知。

运维成本较高，依赖奖励机制

公链的节点并不是免费为系统提供记账和维护服务的。为了鼓励每个工作的节点，交易发行者需要向参与记录这笔交易的节点提供记账手续费。

交易速度较慢

对于比特币、以太坊这类早期公链来说，由于其技术限制，无法满足同时处理链上众多交易的网络吞吐量，交易速度相对较慢。许多新生公链正在努力突破技术限制，提高交易速度和网络吞吐量，且取得了较为显著的效果，所以“公链交易速度较慢”逐渐变得不再是问题。

区块链的“旁支亲戚”：联盟链

既然说到公链，就不得不提及一种企业区块链——联盟链。

公链和联盟链适用于不同的使用对象及应用场景。公链对全网公开，所以一些私密度很高的数据并不适合存放在公链上。同时，公链体系在初期需要很强的技术去搭建，在后期运行时也需要众多节点记账并维护，对于一些非公众参与场景中使用者之间的记账来说，成本过高，性价比偏低，而联盟链适用于解决这种类型的问题。

联盟链仅允许获得授权的节点加入网络，不同节点的权限不同，信息并非全网公开，而是仅可被有权限的节点查看，因此联盟链的使用场景往往是企业间的交互。

联盟链的几大特点如下。

多组织共同参与管理

联盟链的理想模式是由多个机构共同参与管理，每个机构管理一个或多个节点，但在现实执行中很可能会出现一些问题。比如，目前，大型互联网公司（“大厂”）自己掌握搭建的联盟链的全部节点并享有绝对决策权和话语权，这就使得联盟链上的其他参与方陷入被动局面，这种情况下的联盟链更像品牌背书的中心化服务器，失去了区块链的本质特点。

隐私保护良好

联盟链的准入门槛高，链上的节点少，进入联盟链的节点都具有很高的信任度。同时，联盟链上数据的读取权限由机构决定，很好地保护了链上数据的隐私。

交易成本低

由于联盟链是局域的，使用者的数量和需要处理的交易量是有限的，维护节点并不需要太高的成本。

交易速度快

由于联盟链上的节点大多具有很高的信任度，交易不需要所有节点确认，这极大地提高了交易速度。

个体节点上链成本高

联盟链需要对个体节点进行严格的审查才能允许其进入联盟链，上链成本和收费极高且自主性差，完全受限于“大厂”的玩法要求。

各条联盟链都有高额的节点与流量费用和商务开发费用。

企业背书

联盟链发展得好坏与“大厂”兴衰绑定，也取决于“大厂”的发展规划，无法共荣，却一损俱损。

那么，前面提到的灵魂拷问——“联盟链官方如果跑路了，这条链会怎么样”和“联盟链的官方会不会销毁这条链”——再次出现。

这次的答案和前面的答案完全相反，联盟链的运行依赖于链上企业控制的可信节点，一旦企业不存在或者销毁了所有可信节点，联盟链就会被废弃。从这一点上来看，联盟链系统与现行的中心化服务器一致。

其实区块链除了公链和联盟链，还有私有链。只是私有链只面向单独的个体和企业，并不常出现在大众的视野中，所以在此不赘述。

百花齐放的公链时代

万链之王——以太坊

以太坊是目前在世界范围内使用得最广泛的公链。简单来说，以太坊就像比特币的升级版本，比特币在区块链 1.0 时代诞生，而以太坊成了区块链 2.0 时代的开创者。

在比特币诞生 4 年左右，在对比特币进行了长期且深入的研究后，Vitalik Buterin 发布了以太坊白皮书并开始招募开发者和募集资金。在该项目开启众筹后，仅 42 天便融资 3.1 万枚比特币。在融资后的一年，以太坊主网正式上线，同时开创了区块链 2.0 时代。

以太坊是什么

以太坊的创始人 Vitalik Buterin 认为，如果把比特币比作便携式计算器，那么以太坊就是智能手机。简单来说，以太坊是一个建立在区块链技术上的去中心化应用平台，智能合约和 DApp（Decentralized Application，去中心化应用程序）的存在，给了以太坊为使用者和开发者提供更广泛框架的可能性。

以太坊平台对底层区块链技术进行封装，这就使得开发者可以基于以太坊平台进行开发，在平台中建立或使用基于区块链技术的去中心化应用，降低了开发者的开发难度。目前，以太坊的开源代码已托管至 GitHub 社区。这意味着每个人都可以对以太坊进行升级改造。

在以太坊白皮书中，Vitalik Buterin 提到，“以太坊的目标是，提供一条内置有成熟的图灵完备的编程语言的区块链，用这种语言可以创建合约来编码，从而实现任意状态转换功能。”

什么是 DApp

与传统 App 不同，DApp 是运行在区块链网络中的。网络中的去中心化节点可以完整地控制 DApp。你可以简单地把 DApp 理解为部署在公链上的 App。在以太坊中，一般认为 DApp 是包含完整智能合约与 UI 交互界面的更外层结构。

什么是智能合约

智能合约（Smart Contract）的本质可以描述为脚本。通过利用以太坊区块链的能力，这些脚本可以处理很多种逻辑，如拍卖等。智能合约的关键点是，可以自动执行并不可篡改，这一特点保证了合约中的功能可以按照已有的逻辑执行。智能合约会将代码保存在区块链中，对于公链来说，代码将是完全公开的。

以太坊和比特币的区别

现在我们知道，以太坊是类似于比特币的技术，但它们的用处存在极大的区别。比特币仅使用一种特定的区块链技术，实际上是一套分布式的数据库，固定在比特币交易中的数据通常用于记笔记，而以太坊上的交易还可能包含可执行的代码。

同时，以太坊和比特币的目的不同，比特币更希望成为一种替代货币系统，可以作为交换媒介或价值存储介质存在。以太坊更希望可以通过平台的运营获利而不是将自身建立为替代货币系统。

总之，比特币更像一种合法性尚未实现的货币，而以太坊则是一个具有生态性的、可大规模应用的智能合约平台。

现在我们大概了解了以太坊的基本概念，它是一个建立在区块链技术上的去中心化应用平台，具有图灵完备的编程语言，并为开发者提供了代码运行环境。

2015 年年末，以太坊开发者 Fabian Vogelsteller 提出了 ERC-20 标准，即基于以太坊区块链智能合约发行可互换通证的方案，该标准支持使用者在以太坊上简单编写智能合约，创建表示价值的 Token。

以太坊区块链，从技术上来看是一种数字资产系统，因此从比特币到以太坊、从区块链 1.0 到 2.0，是从数字现金到数字资产的转变。

异构公链

关于异构公链，目前网络上并没有相关解释。本书中的“异构公链”特指与以太坊互不兼容的公链系统。

下面介绍 Solana、Flow、Conflux 这几个广受国内外关注的异构公链。

Solana

Solana 是一个采用委托权益证明协议的快速、安全、抵抗审查的单层区块链，为生态应用提供开放的基础设施。Solana 的原生 Token 是 SOL，它的粉丝常自称为 SOLdier 和 SOLMate。

团队介绍

2017 年，Anatoly Yakovenko、Greg Fitzgerald 和 Stephen Akridge 等人在瑞士日内瓦创立 Solana。

关键时间点

2017 年 11 月，Anatoly Yakovenko 发表了 PoH 白皮书。

2018 年 3 月，Anatoly Yakovenko、Greg Fitzgerald 和 Stephen Akridge 创立 Solana Labs GitHub。

2020 年 3 月，Solana 主网上线。

技术特点

与许多传统区块链一样，Solana 的基础共识机制为 PoS，但不同的是，Solana 引入了一种叫 PoH 的共识机制，这也是 Solana 最核心的技术优势。

区块链作为一个分布式系统，继承了分布式的优势，但很难避免其中的劣势。比如，对事件发生的时间和顺序无法轻易达成一致。对于比特币和以太坊这类传统区块链来说，时间和状态是耦合在一起的。在正常状态下，每个节点只信任自己的时钟，也只维护自己的时钟，整个网络中的时钟是不统一的，只有当新的区块产生时，网络中的时间和状态才能保持全局一致。

Solana 则通过使用 PoH 共识机制解决了这个问题。

什么是 PoH 共识机制呢?

PoH 共识机制，就是创建历史记录，证明一个事件在特定的时间发生过。其特点是可以分离基于哈希值的时间和状态，验证节点可以直接对区块内的哈希值进行哈希运算。此外，PoH 算法使用可被验证的延迟功能让节点在本地使用算法生成时间戳，节省了传统区块链需要的在网络中广播的时间。

Solana 采用了 PoH 共识机制的创新网络时间戳系统，使得网络中的节点能够脱离对自己本地时钟的依赖，同步整个网络节点各自的时钟，使它们一致。

在整个网络的时钟同步之后，整个分布式系统对事件发生的时间和顺序更能有效地达成一致。

Solana 使用 PoH 机制在系统中增添了去中心化时钟，解耦时间和状态，省略广播，以此获得更高的吞吐量和工作效率。在验证了这一机制的优势后，以此为基础搭建了这条优质的区块链。

关键数据

2022 年 1 月 29 日，Solana 的 TVL（Total Value Locked，总锁定价值）[①]达到了 82.7 亿美元，如图 3-2 所示。

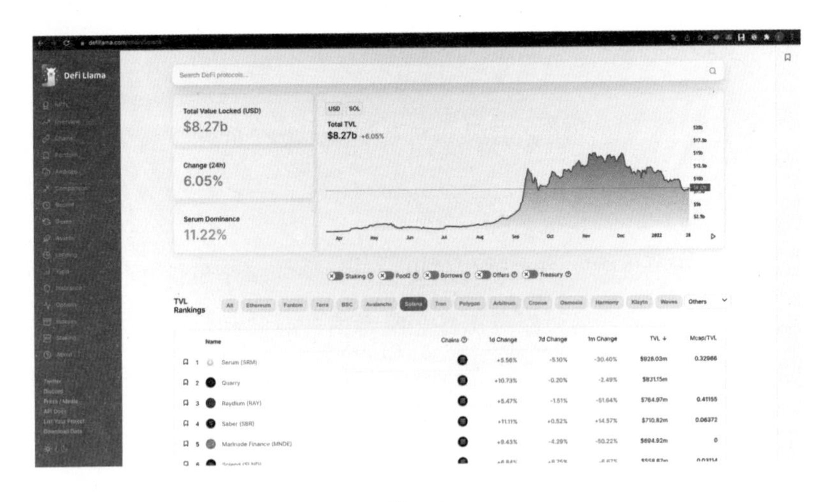

图 3-2

Flow

Flow 是服务于去中心化游戏应用的公链，在解决网络拥堵问题和高使用门槛问题上有突出成就。

① TVL 是加密通证项目中使用者抵押在其中的数字资产的总价值，经常被用来评估项目的流动性和容量。

Flow 的特点是快速、分散及对开发者友好，Flow 公链相对于老牌公链来讲，更方便开发者使用。

团队介绍

Flow 的开发团队是 Dapper Labs，团队 CTO 是大名鼎鼎的 Dieter Shirley。他也是以太坊 ERC-721 协议的创始者。

加密猫（*CryptoKitties*）游戏曾在以太坊上引发巨大的粉丝浪潮，甚至一度导致以太坊网络拥堵，而 Dapper Labs 就是这个游戏的开发团队。

此外，Dapper Labs 还与 NBA（美国职业篮球联赛）、UFC（终极格斗冠军赛）等合作，在 Flow 上开发了一系列游戏应用。

关键时间点

2018 年 3 月，Dapper Labs 成立。

2020 年 9 月，Flow 主网正式上线。

2020 年 10 月，Flow 在 CoinList 上进行公募。

技术特点

与传统区块链不同，Flow 的架构特色为多角色参与模式。Flow 中的工作分配给了四种角色去完成，构成一种流水线模型。采用这一模式的目的是通过分工将各个角色的关注点分离，以此避免节点间重复劳动。

节点通过质押 Token，被分为收集（Collection）、共识（Consensus）、执行（Execution）及验证（Verification）四种角色。四种角色都为同一笔交易服务，但不同的是它们需要在交易的不同阶段参与进去对交易进行验证（这也叫节点间的垂直分工）。

结合实际去思考，这样的分工就像工厂中的流水线作业，在很大程度上提高了工作效率，也保证了 Flow 的可拓展性，同时避免了分片可能会带来的问题。

下面分别列出了这几种节点的职责。

收集节点：通过增强生态应用上的网络连接和数据的可用性提高整体效率。

共识节点：决定一笔交易是否真实存在，以及这笔交易在链上的顺序。共识节点可以保证去中心化。

执行节点：负责进行与交易相关的计算工作。

验证节点：负责监督和验证执行节点的工作。

通过各个节点的分工，可以看出在 Flow 上，共识节点和验证节点在支撑 Flow 安全性上起到了极大的作用。这两种节点优化了 Flow 的安全性和去中心化，而工作的分配降低了 Flow 达成共识和验证的难度。值得一提的是，这个设计甚至允许在家庭互联网上运行的消费级硬件参与，极大地降低了 Flow 的进入门槛。Flow 相对于其他传统区块链来讲，吞吐量提高了 56 倍。

同时，Flow 的另一个优质设计是，在链上的任何节点都可以惩罚不诚实的引入无效数据的收集节点或执行节点，同时触发数据恢复。

进入 Flow 门槛低的另一个原因是，在 Flow 上，项目方可以为非区块链 Token 持有者提供 gas[1]的代付，也就是说一个无 Token 的用户若想体验 Flow 上的应用，可以选择提供 gas 代付的应用，仅使用法定货币支付购买服务或商品的本金，而交易产生的 gas 可以由项目方支付。

关键数据

2022 年 1 月 29 日，Flow 的质押量达到了 7 亿多个 Token，共有 391 个节点，如图 3-3 所示。

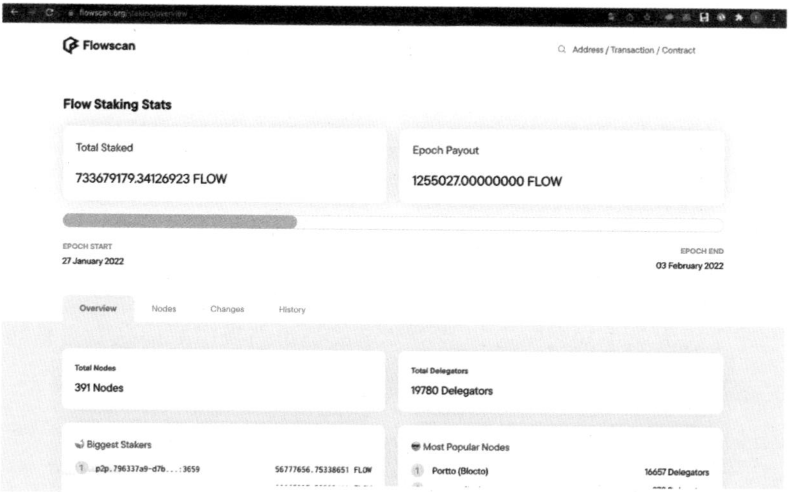

图 3-3

① gas 可以被理解为网络资源使用费，这部分费用在互联网应用上不需要用户承担，但是在 Web3.0 应用中通常是用户承担的，若有代付则不需要用户承担。

著名项目——*NBA Top Shot*

NBA Top Shot 是由 Dapper Labs 团队研发的，这个项目 2021 年在国际上热度极高。*NBA Top Shot* 是一款 NBA 卡牌收集游戏，牌面为 NBA 明星球员的标志性动作图片，卡牌已获得 NBA 官方授权。卡牌有不同的等级和稀有度，使用者可以购买、售卖卡牌。

2021 年 2 月，一个勒布朗·詹姆斯的扣篮瞬间 NFT 卡以 20.8 万美元（约 134 万元人民币）的高价拍出，极大带动了 *NBA Top Shot* 的市场热潮。在 *NBA Top Shot* 上线后仅 9 个月，该游戏的使用者超过 240 万人，销售额近 10 亿美元。

Conflux

团队介绍

Conflux 网络的核心团队源于清华学堂计算机科学实验班（“姚班”）及麻省理工学院、卡耐基梅隆大学、清华大学、多伦多大学、上海交通大学等知名学府，其中多名成员曾获得国际信息学奥林匹克竞赛（IOI）金牌及 ACM-ICPC 国际大学生程序设计竞赛金牌等。团队成员的研究领域涵盖分布式系统、计算机科学、网络安全、密码学、博弈论、经济学、金融学等。

2020 年，Conflux 与上海市政府合作成立了上海树图区块链研究院，与湖南省政府合作成立了区块链基础设施与应用重点实验室。上海树图区块链研究院立足 Conflux 区块链底层系统公链的研发，由多伦多大学教授龙凡创始发起并担任院长，由华人唯一图灵奖得主、著名计算机科学家姚期智院士担任首席科学家。

关键时间点

2019 年 4 月，Conflux 测试网上线。

2020 年 1 月，上海树图区块链研究院正式揭牌。

2020 年 10 月，Conflux 主网上线。

技术特点

Conflux 的主要优势在于其全新的共识协议设计、认证存储和交易中继协议。在 Conflux 上，区块被组织为树形图，每个区块都引用一些其他区块，其中一个是其父块。通过仅查看与父块连接的区块，可以观测到一个树形结构，而如果查看所有区块，就能观测到一个有向无环图，如图 3-4 所示。这也是 Conflux 被称为树图的原因。

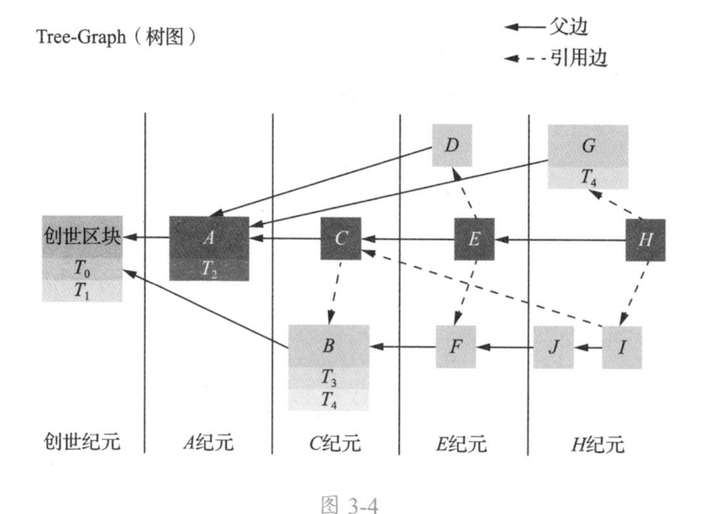

图 3-4

Conflux 的共识算法被称为 Greedy Heaviest Adaptive SubTree（GHAST），通过应用最重子树规则，使区块链网络中的所有节点能够一致地对区块的枢轴链达成共识，进而基于枢轴链对所有区块的总顺序达成共识。GHAST 共识算法还允许 Conflux 节点检测一些攻击（例如，尝试生成两个平衡子树的平衡攻击），即确认交易的能力，并通过自适应调整区块的权重来阻止这些攻击。

树图结构和 GHAST 共识算法使 Conflux 节点能够快速生成新区块，而不必担心账本中存在分叉可能会损害网络的安全性，从而使系统能够同时实现高吞吐量和低交易确认延迟。

此外，Conflux 采用了一种全新的交易中继协议来提高交易传播的网络带宽的有效利用率，因为在 Conflux 中，网络带宽可能成为真正的瓶颈。为了减少冗余的交易传播，Conflux 节点首先向其他节点发送一个其他节点以前可能没有接收过的交易 ID 的公告，然后让其他节点请求它们真正需要的交易数据。Conflux 为交易 ID 引入了一种有效的编码，以便在区块大小和安全性之间实现良好的权衡。

2022 年，Conflux 还将引入一条独立的 PoS 链，用于监控 PoW 链（树图结构），对根据 PoW 确认规则已确认的主链区块达成共识。一旦 PoS 链认为一个主链区块已被确认，所有 PoW 链的矿工就应该跟随其后产生新的区块。此举将有效地保护 Conflux 免受来自 PoW

机制的 51%算力攻击[①]。

Conflux 还决定引入一个完全与 EVM（Ethereum Virtual Machine，以太坊虚拟机）兼容的新空间。这个新的空间被称为 Conflux eSpace，而当前的空间被称为 Conflux Core。Conflux eSpace 遵循与 EVM 相同的规则，并支持 ETH RPC（RPC 指的是 Remote Procedure Call，远程过程调用，是一种计算机通信协议），如 eth_getBalance。因此来自以太坊生态的工具可以直接用于 Conflux。与跨链操作不同，跨空间操作是具有原子性及 Layer1 安全性的。

关键数据

Conflux 是一种新型、安全、可靠的公链，具有极高的性能和可扩展性。它可以实现与比特币、以太坊相同水平的去中心化和安全性，但在交易吞吐量和最终性延迟方面提供了两个数量级以上的改进。在不降低去中心化程度的情况下，Conflux 实现了 3000 ~ 6000 TPS（Transaction Pre Second，每秒交易数）的高吞吐量，在行业内遥遥领先。

2022 年 1 月 29 日，Conflux 的 TVL 达到了 1 239 026 美元，如图 3-5 所示。

① 一组矿工控制超过 50%的网络挖掘哈希率或计算能力即可阻止新的交易获得确认，从而使它们能够停止部分或所有用户之间的支付，以及撤销在控制网络期间完成的交易。这是一种区块链上最常见的攻击。

图 3-5

多链结构的公链

NEAR

NEAR Protocol（NEAR 协议，简称为 NEAR）是一种高度可扩展的公链，能够支持生态应用在移动设备上高效运行。开发者可以通过这个协议得到生态应用的相关信息。

NEAR 使用状态分片，支持区块链中节点数量的线性扩展，并使用验证器为网络提供计算资源和存储资源。

团队介绍

NEAR 的创始人是 Alexander Skidanov 和 Illia Polosukhin。

Alexander Skidanov 是两次 ICPC（ACM 国际大学生程序设计竞赛）的奖牌获得者，并曾在微软、MemSQL 任职；Illia Polosukhin 也是曾进入 ICPC 决赛的选手，曾先后在谷歌和 TensorFlow 工作。此外，NEAR 的核心技术团队成员还有 Evgeny Kuzyakov（2008 年 ICPC 金牌获得者）、Mikhail Kever（两次 ICPC 冠军）等。

关键时间节点

2019 年，发布协议的设计方案。

2020 年 10 月，NEAR 主网正式上线。

2021 年 2 月，发布 EVM 计划。

技术特点

NEAR 使用 Doomslug 共识机制。这个机制的特点是一组区块生产者在创建区块时只需要进行一轮通信。这就使得每个区块的创建都是不可逆的。在这种情况下，创建工作对生产者的依赖相对较低，即便有一半生产者离线，这个流程也可以完成。

NEAR 有一种被称为 Nightshade Finality Gadget 的最终确定性工具，用于增强网络安全。这一工具的作用是使区块能够在恶意攻击者不超过 1/3 的情况下被确定。

NEAR 使用可验证的随机函数（Verifiable Random Function，VRF），并对每个验证节点分配到的分片信息进行隐藏。同时，验证节点在签名时并不需要具体到段，只需要对块签名即可。这样就确保在外界看来，验证人和分片之间无法构成精准的对应关系，保证了分片的安全性。

NEAR 的自我定义是“以太坊 2.0”，意在解决以太坊的可扩展性问题，也确实因此收获了许多粉丝和好评。

关键数据

2022 年 1 月 29 日，NEAR 的 TVL 达到了 9817 万美元，如图 3-6 所示。

图 3-6

著名项目

Rainbow Bridge（彩虹桥）

Rainbow Bridge 是著名的跨链项目，支持 NEAR 连接可兼容

EVM 的区块链（如 Polygon、币安智能链、Avalanche 等），以及 Layer2 公链（如 Optimism 和 Arbitrum 等）。未来 Rainbow Bridge 也许可以支持不兼容 EVM 的区块链（如比特币等）。

Nightshade（夜影协议）

2021 年 11 月 15 日，NEAR 正式发布简化版 Nightshade。这意味着 NEAR 为打造一个完全采用分片技术同时确保安全的区块链迈出了第一步。以太坊 2.0 也是采用分片技术进行扩容的，而以太坊的创始人 Vitalik Buterin 曾经公开表示，NEAR 会对以太坊形成威胁。Nightshade 通过不断地增加分片的数量，理论上可以实现无限扩容。

Octopus Network（章鱼网络）

Octopus Network 是一个基于 NEAR 的多链网络协议。基于 Octopus Network，开发者可以以低成本在 NEAR 上快速、高效地创建自己的应用链，这对 Web3.0 的长期发展一定是有利的。

Aurora（极光）

Aurora 是一个建立在 NEAR 上的兼容以太坊的开发者平台。通过 Bridge（Aurora Bridge）+ EVM (Aurora Engine)的组合解决方案，Aurora 允许开发者轻松地从以太坊向 Aurora 移植 Solidity[①]智能合约，

① Solidity 是一种常见的区块链开发语言，作为一种合约导向式语言被应用于各种不同的区块链平台。

并使用 NEAR 更具可扩展性的基础设施启动它们。

Avalanche

Avalanche 被翻译为“雪崩”，基于独创的共识机制，极大地提高了公链的去中心化程度和吞吐量，也带来了更快速的交易确认、更低的手续费及更低的延迟。

与其他区块链不同的是，Avalanche 更多的是面向金融领域，目标是成为金融领域的区块链领军人。同时，高性能的共识机制和网络平台架构使它有足够的能力为金融领域的应用提供良好的使用者体验。

团队介绍

Avalanche 团队的创始人包括康奈尔大学的 Emin Gun Sirer、Kevin Sekniqi 和 Ted Yin。Avalanche 的底层技术源于他们在康奈尔大学的实验室研究。2018 年，他们建立了 AVA Labs，将这项技术落地成了 Avalanche。

Emin Gun Sirer 是一个杰出的加密货币研究者，主要研究分布式系统和算法，曾经是 bloXroute Lab 的联合创始人。

Kevin Sekniqi 曾在微软和 NASA JPL 等知名企业做与软件工程相关的研究工作。

Ted Yin 是一位注册会计师，同时也是 Facebook Libra 项目共识协议 HotStuff 的设计者。

关键时间节点

2018 年 1 月，AVA Labs 成立。

2020 年 5 月，Avalanche 完成私募轮融资。

2020 年 9 月，Avalanche 主网正式上线。

技术特点

Avalanche 是将经典共识协议和中本聪共识协议相结合的新型共识机制。

区块链的共识算法基本上有两个体系：经典共识协议和中本聪共识协议。经典共识协议的优点是延迟低、吞吐量高；中本聪共识协议的特点是共识度高，但延迟同样也高、吞吐量低，且为了确保安全性需要持续消耗能源。

Avalanche 做到了将这两种共识协议相结合，从而取其精华弃其糟粕，在保证健壮性的前提下降低延迟、提高吞吐量，支持大量设备加入且不造成能源过度消耗。

Avalanche 的操作方式是网络的重复采样，可以用以下步骤来解释。

（1）创建交易，交易被发送到验证节点。

（2）信息被传播到其他节点。

（3）当双花时，会有被随机选中的节点查询并验证真正有效的交易。

（4）如果被选中的节点收到多数支持一个事务的响应，则这个节点可以更改自己的响应为这个事务。在这个冲突的事务没有达成共识之前，所有节点都需要重复这个过程来保证最后达成共识。

这套共识系统给 Avalanche 系统带来了很好的动态特性，方便了 Avalanche 进行大规模的应用部署。

此外，Avalanche 有三层网络结构。这个设计的出发点是通过分离链和执行环境，用网络模块化实现网络的可扩展性和可组合性。

Avalanche 的三层网络结构包括 X 链（Exchange Chain）、P 链（Platform Chain）和 C 链（Contract Chain）。

（1）X 链可以简单地被理解为交易链，主要用于处理 Avalanche 上资产的交易和创建，比如用户在交易所进行资产的充值和提现等。Avalanche 与其他区块链的跨链也需要 X 链的参与和配合。用户在 X 链上交易需要支付 Avalance 的原生 Token AVAX。

（2）P 链负责节点质押和网络验证，是合约链、交易链的基础。任何人都可以通过质押一定数量的 AVAX 成为 Avalanche 的节点。P 链支持用户创建 Avalanche 子网。

（3）C 链主要用于智能合约的开发，支持包括 EVM 的多种虚拟机，方便开发者从其他公链上迁移已有项目。

关键数据

2022 年 1 月 29 日，Avalanche 的 TVL 达到了 86.2 亿美元，如图 3-7 所示。

图 3-7

著名项目——Colony

Colony 是 Avalanche 上的生态加速器，该平台通过代币交易的方式汇集包括资金、社群人脉等在内的各种早期项目资源，并通过对链上项目投资，为早期项目提供资金。

Colony 通过验证节点计划、指数基金、早期投资/私募投资、LP 计划为 Avalanche 链上生态提供支持，可以说，Colony 就是具有投资属性的去中心化自治组织（DAO）。

Layer2

提到 Layer2，就不得不说区块链逻辑的三层结构。

Layer0：第 0 层，也就是传输层；

Layer1：第 1 层，包括数据层、网络层、共识层和激励层；

Layer2：第 2 层，包括合约层和应用层。

Layer1 的意义是防止区块链被攻击，而 Layer2 的主要宗旨是在应用层提高区块链的性能。Layer2 的发展带来了一系列网络扩容方案，如早期解决方案 Plasma，以及如今非常热门的 Optimistic Rollup、ZK-Rollup。

采用 Plasma 方案的代表项目是 Matic，其现已改名为 Polygon。Plasma 之所以不能成为主流的扩容方案在于 Plasma 的数据并没有提交到链上，所以在 Plasma 上退出一笔资产的周期会长达一周左右，虽然具体时间可调，但设定在这个时间会相对安全。2021 年 12 月，Polygon 还收购了零知识证明技术开发商 Mir，将其改名为 Polygon Zero 并集成至现有的 Polygon 系统中，这一举动引发了外界的猜测，称其可能在未来放弃较为原始的 Plasma 方案而转投 ZK-Rollup。

Optimistic Rollup 的两大主流项目是 Optimism 和 Arbitrum。它们正处于你追我赶、双雄逐鹿的阶段，这对于开发者来说是一件好事。两者几乎没有区别，并均成为开发者的首选。从以太坊发送到 Layer2 的事务由排序器（Sequencer）接收，Sequencer 会因正确执行交易而获得奖励，反之会受到惩罚。有趣的是，Optimism 其实是第一个发布与 EVM 兼容的 Optimistic Rollup 协议的公司，但是主网启动的缓慢让 Arbitrum 获得了优势。

ZK-Rollup 基于零知识证明（Zero Knowledge Proof，ZKP），被很多人认为是 Layer2 扩容方案的未来，其代表项目为 ZK-Sync。所谓零知识证明，从字面上就可以理解，即我想向你证明我知道某个问题的答案，但我又不想告诉你这个答案的具体内容。ZK-Rollup 的原理用一句话就可以讲清楚：复杂的计算和证明的生成在链下完成，而在链上进行证明的校验并存储部分数据，以保证数据的可用性。在以太坊伊斯坦布尔分叉（2019 年 12 月）后，ZK-Rollup 的理论 TPS 可以高达 2000 ~ 3000，但由于生成零知识证明需要时间，这成了限制其达到理论高度的最大障碍。

除了基于零知识证明，ZK-Rollup 的另一大特点是使用了新密码学原语，因此吸引了更多传统密码学领域的研究者参与，但无形中提高了普通 Web3.0 研究者的研究门槛。

跨链双雄的独特行走

Polkadot

Polkadot 被人们熟知的是它的中文名——波卡。Polkadot 由以太坊联合创始人兼 CTO Gavin Wood 创立。Gavin Wood 也是 Solidity 智

能合约语言的发明人和以太坊技术白皮书的撰写人之一。可以说，Polkadot 从出生的那一刻起就自带光环。

2015 年，Gavin Wood 和一些以太坊开发者一起创建了一家新公司——Ethcore，后来其更名为 Parity Technologies。随着区块链行业的发展，Gavin Wood 和 Parity Technologies 团队决定自己开发一条新的区块链，而不是等待以太坊 2.0 升级。

最终，2016 年 11 月 14 日，Gavin Wood 发表了 Polkadot 白皮书，在白皮书中他这样描述："Polkadot 是一种异构的多链架构，旨在解决区块链架构中的伸缩性与隔离性的问题。" Polkadot 通过"中继链""平行链""转接桥"实现了跨链和可拓展的问题，主要目的是将各条独立的区块链连接起来，使不同区块链之间可以进行数据传递和智能合约的调用。

简单来说，可以把以太坊之类的公链想象成通信运营商中国电信、中国移动、中国联通，且三家运营商的手机号之间无法相互打电话，而 Polkadot 出现之后，实现了三家运营商之间的互联互通。

Polkadot 的出现解决了诸多问题。一方面，BTC、ETH 处理交易过慢，用户体验不佳；另一方面，不同的公链之间无法直接进行资产交换，唯一的途径是交易所，这又造成了新的问题——对交易所过于依赖。

Cosmos

关于 Cosmos，最深入人心的一个说法是，“Cosmos 是区块链的互联网”。Cosmos 解决了区块链之间的孤岛效应。Cosmos 本身的含义是“宇宙”，可以说与其用途和理想很契合。

与 Polkadot 相比，Cosmos 稍显保守，跨链信息仅限于数字资产，而不是任意信息。可以简单地理解，Polkadot 之于 Cosmos，就好像安卓之于 iOS。

Cosmos 认为，主链专心做主链该做的事情，DApp 应该交给一条单独的链来完成，甚至还提供让开发者可以很容易地开发一条链的工具，并引申出“万链互联”的构想和“人人都该有条链”的小目标。

Cosmos 专注于数字资产的跨链转移，Polkadot 则为了成为更通用、更具普适性的跨链协议而努力，远景更为宏大。

Polkadot 主网上线用了四年时间，在接下来的四年、十年乃至更长的时间内，区块链的跨链技术将会如何发展，尚不得而知。敢问路在何方？路在脚下。

区块链世界的“桥”：跨链工具

为什么需要跨链工具

早在 2019 年以前，DeFi（Decentralized Finance，去中心化金融）热潮尚未爆发的时候，跨链技术便已经常常被提及，但在当时，人们更期待能有一条链替代以太坊等传统公链，而非紧紧围绕在以太坊周围发展。正因为此，便催生了如今规模庞大的跨链生态市场。

也许在将来，会有一条新兴公链异军突起，改变当前万链竞发的形式，到那时，跨链技术可能也就没有那么重要了。

目前，跨链工具主要有以下 3 种用途。

提高资产的利用率

跨链工具的出现，为资产提供了更广阔的应用场景，提高了资产的利用率，赋予了原生资产新的价值。

以比特币为例，通常大家对比特币的印象还停留在一般等价物的层面。“数字货币”成为比特币的唯一属性和固有印象。比特币作为 DeFi 的关键资产，即使对于那些狂热的比特币拥护者来说，他们也乐于看到比特币在其他公链上有更多的应用场景和流动性，而非以“数字黄金”的姿态高高在上、孤于一隅。

比特币被引入以太坊就是很好的案例。常见的是，比特币可以作为抵押物，用于抵押借贷，借出 ETH（以太币）等其他数字资产，也可以作为做市资金，赚取交易的手续费，还可以在其他区块链上作为一种支付手段，购买服务和 NFT 等各种消费品。

扩展更多的可能性

跨链工具的出现，使得现有产品可以进一步拓展其服务的对象范围，并基于多链提供更丰富的服务，以提升其产品协议的竞争力，拓展了开发新功能的可能性。

在知名货币市场协议 Aave V3 的产品规划中，“跨链”是其最具亮点的产品革新。Aave 团队表示，将借助跨链技术发展的趋势，进一步拓展其接入的公链范围，从以太坊、Polygon 和 Avalanche，逐步扩展到 Solana、Fantom、Harmony 等新公链，以及 Arbitrum 等 Layer 2 网络，从而促进链上资产在多链间流动和转移。从长期来看，单链应用将逐渐式微，多链接入将成为未来 DApp 的标配。

解锁更多的新玩法

跨链工具的出现，使得 Web3.0 的用户和开发者有了更多的新玩法。

在多链大趋势之下，跨链工具对于普通用户、开发者、协议方，乃至公链本身，都是不可或缺的基础设施，这实际上超出了大多数用户对跨链工具的感知。从一般意义上来说，人们往往把跨链工具当作一个普通的“应用”，与其他 DApp 无异，实际上它更接近于预言机、数据索引的地位，是多链生态中的重要“中间件”。

通过跨链工具，“嗅觉”敏锐的用户能够快速捕捉到仅存在于多链之间的机会，比如不同交易所或借贷平台之间的利率差，并借机实现跨链套利。对于更多的 NFT 发行方来说，基于多链发行和使用 NFT 成为可能。以 MultiChain 为代表的头部跨链工具，在这个方面已经有了充分的实践。

从 AnySwap 到 MultiChain

牛刀小试

2021 年 12 月 21 日这一天，区块链行业似乎不太平静。跨链协议 MultiChain（原名为 AnySwap）获得来自 Binance Labs 的 6000 万美元融资，其他参投方包括红杉中国、IDG 资本、三箭资本、DeFiance 资本、Circle Ventures、Tron Foundation、Hypersphere Ventures、Primitive Ventures、Magic Ventures 和 HashKey。

MultiChain 旨在通过区块链技术，解决数字资产交易中的隐私性、安全性问题，实现不同公链平台间的数字资产安全、快速的转移和交换。自上线以来，MultiChain 已经开发了上百个跨链桥，支持了超过 20 条公链。

为了确保用户资产的安全性，MultiChain 使用 DCRM

（Decentralized Control Rights Management，去中心化控制权管理）技术作为一种跨链解决方案，并以 Fusion 为主要区块链来进行构建。

DCRM 使用一种高级形式的去中心化密码学，称为阈值签名方案（TSS），它是一种多方计算（MPC）方案。TSS 允许多方共同生成密钥和签名，没有任何一方拥有完整的密钥，任何一方都无法在未经他人同意的情况下签名。TSS 也可以配置为 *m* of *n* 模式，也就是说，只需要 *m* 个参与方在一组 *n* 个受信任的对等方下签名。

看不懂吗？

你只需要知道，MultiChain 用户可以抵押任何 Token，在短至几秒的时间里，以去中心化的方式铸造 Wrapped-Token（封装通证），将一个 Token 交换为另一个 Token，并与不同区块链上的资产进行交易。在整个交易过程中用户的资产没有任何风险，因为 MultiChain 本身无法控制用户的资产。

平台治理 Token

MultiChain 的前身叫 AnySwap，所以其平台的 Token 为 ANY。除了我们很容易想到的，ANY 持有者可以通过投票来增加 MultiChain 支持的区块链，还可以投票选出 MultiChain 的工作节点（Working Node）。MultiChain 的稳定性和去中心化由 ANY 的持有者选出的 MultiChain 的工作节点提供支持。MultiChain 的工作节点使用 ANY 获得大量奖励，而流动性提供者则从交易费和 ANY 流动性奖励中获得双倍奖励。

在这里，任何用户都可以创建一个新的 Token 对，前提是必须经过 ANY 治理者（原生 Token 持有者）的批准。持有者可以自由决定哪些 Token 最适合出现在其去中心化交易平台上，这样可以避免出现虚假和诈骗 Token。此外，ANY 持有者还会对更改 MultiChain 的管理协议进行投票表决。

Celer

Celer 的前世今生

Celer 原先是一家基于通道技术的区块链游戏公司，后来利用通道技术开始做 Layer2 跨链的金融服务。Celer 给自己的定位是一个 Layer2 的聚合平台，用户可以在这里桥接各种 Layer2 的链。

先简单解释一下什么是“聚合器”。

“聚合器”是 DeFi 里很常见的一种应用。以以太坊上比较著名的 1inch 为例，1inch 里聚合了很多 DeFi 项目的端口，如 Uniswap、Curve、SushiSwap 等。聚合器的作用就是在众多可供选择的交易平台里，帮用户找到最优的交易对，以实现低滑点的目的。换句话说就是帮用户挑一个最好的价位来做买卖。

Celer 也想做一个这样的聚合器，只是它想做的是 Layer2 上的聚合器。这就不得不提到 Celer 的王牌产品——cBridge（跨链桥）。cBridge 1.0 基于状态守卫者网络（State Guardian Network，SGN）实现。SGN 是 Celer 的核心技术框架，基于 PoS 共识机制来确保交易的安全性和稳定性。

跨链神器——cBridge

在 cBridge 1.0 中，存在很多有需求的跨链交易节点，而 Celer 的角色就是“鹊桥”，为交易双方提供对接服务。举个例子，如果你需要将以太坊上的 ETH 换到 BSC（一个区块链网络）上，这时就需要有一个人从中牵线搭桥，而这个人需要同时在这两条链上都有对应的资产，并且能提供相应的兑换服务。于是你将自己的兑换需求发给这个人，他会为你寻找最适合的匹配对象和服务。

这是一个看似很简单、实际也很简单的系统实现过程，然而不可避免地存在诸多问题。比如，在 cBridge 1.0 中，系统依赖一个中心化的网关为用户推荐节点。当节点加入网络时，它需要向一个网关服务注册各种信息，该网关负责持续监控 cBridge 的节点状态和性能。当用户发送跨链请求时，会被定向到网关，网关根据流动性、可用性、历史桥接成功率、费用等多个维度进行评估，并将合适的结果推荐给用户。

你有没有发现什么问题？这太中心化了。一旦节点作恶或出现可用性问题（例如节点突然消失并拒绝用户请求），用户就需要等待较长的资金锁定时间才能退出资产，而作恶或消失的节点不会受到任何惩罚，无辜的用户却付出了相当长的时间损耗。

cBridge 2.0

在 cBridge 2.0 中，Celer 继续优化跨链交易体验。为了提高流动性和稳定性，cBridge 2.0 取消了单独节点的存在形式，接替它的是“共享流动池”，类似共享单车的模式。即你可以骑车，但车不是你的，而是由 SGN 直接管理的。这样的更新有利有弊，从好的角度看，可以让更多只想提供流动性、不想或不能成为节点的用户参与进来，赚取手续费收益。当然，也会显得更加“中心化”，存在更大的风险。至于这到底是模式的进步还是去中心化的倒退，交由你自行评判。

流动池里的交易滑点和定价参考了 Curve 的联合曲线定价机制，当用户将 Token 从一条链转移到另一条链时，SGN 将根据源链和目标链上的可用流动性计算收到的 Token。除了定价本身，还会从交易中扣除固定费用作为支付给 LP（Liquidity Provider，流动性提供者）的费用。

在 cBridge 2.0 中，SGN 升级为基于质押的 SGN，用户体验显著提升。

SGN 是一条特殊的 PoS 链，替代了前面的中心化网关。简单来说，原先的交易分配会被写在 SGN 上，SGN 会监控和跟踪该笔交易，直至交易完成。SGN 还充当仲裁者，对无法按承诺完成跨链转账任务的节点实施保证金处罚，保证金即我们常说的“扣押金”。

诚实、可靠的节点会有很强的意愿去质押保证金，以表明心迹，增加它们在桥接过程中被选中的机会；不可靠的节点则会被赶出系统或作为优先级较低的选项，往往不会质押太多的保证金，毕竟数学期望值大家都会算。如果你在执行交易的过程中离开了、跑路了、睡着了（掉线或超时），就会受到相应的惩罚，即没收保证金，人财两空。

不能预言的预言机

2018 年，中国人民银行发布了《区块链能做什么、不能做什么？》的报告，报告中这样定义了预言机："区块链外信息写入区块链内的机制，一般被称为预言机。"预言机的功能就是将区块链上的信息和外界联通，以此来完成数据的相互验证。

这里首先要介绍一下智能合约（Smart Contract）。智能合约具有不可篡改性和可验证性，使用 if/then 的代码逻辑，当设定条件满足时自动执行，如图 3-8 所示。智能合约使得资产转移能够由公开可验证的代码驱动和自执行，而不再需要信任任何一方。你可以把它想象成一台自动售货机，当投入 5 元钱时，自动售货机就会按照设置好的程序"吐"出一瓶售价为 5 元的饮料。

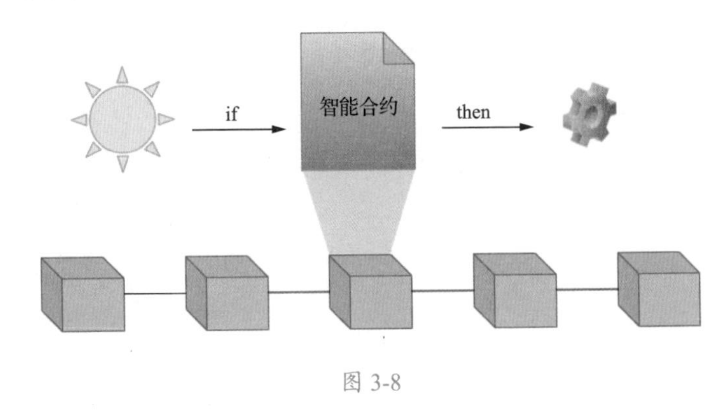

图 3-8

但是智能合约有一个很严重的缺点，它只能在收到输入后执行代码，且这个过程只能在链上完成，无法主动访问链下数据。这时就需要用到预言机。

我们把链上（区块链）与链下（现实世界）之间的信息桥梁称为预言机（Oracle），通过预言机能够在链上读取链下信息，甚至现实世界的信息能够与区块链进行交互。在区块链世界中，预言机是与智能合约同样重要的。如果没有预言机，那么无法实现信息的传递，也就无法实现区块链与现实世界的大规模结合和应用，阻碍了区块链落地应用。

笔者认为，预言机这个词并没有翻译得很好，容易让人误以为可以预测未来，比如《狼人杀》游戏中的预言家、《哈利·波特》中的《预言家日报》等。正所谓老婆饼里没有老婆，预言机也不能预言。预言机的英文名为 Oracle，意味着“神谕”，凡人向神发出请求，神传递一些重要信息给凡人，这就完全贴合预言机将链下信息传递给链上的作用了。

这时你可能会问，既然预言机是链上和链下沟通的唯一途径，这不就是中心化垄断了吗？很遗憾，是的。智能合约无法自行访问链下数据，所有信息都来自外部的数据源，但如果这个数据源是由某个中心化组织提供的，那么依然存在风险，从而危害链上智能合约的安全性和可靠性。如果这台预言机出现问题或者遭到攻击，你怎么知道它给你提供的数据是否准确呢？如果智能合约的数据出现问题，那么智能合约本身再安全、再可靠又有什么意义呢？

下雨问题

举个简单的例子，A 与 B 对明天是否会下雨打赌，如果下雨，那么 A 给 B 一元钱，如果不下雨，那么 B 给 A 一元钱。但是谁来当裁判呢？

A 和 B 商量后，决定由他俩都信任的好朋友 C 来当裁判，两人各把一元钱交给 C，然后由 C 视明天的天气情况，判断谁赢谁输。

在区块链世界中，A 和 B 可以共同编写一份智能合约，合约内容可以由双方进行检查和校对，在确认都没有问题后，将钱托管到由这个智能合约控制的账户中，由它来判断输赢。

但是智能合约没有眼睛、没有意识、没有办法看到明天到底有没有下雨，必须要有一个外部的数据源来告诉它明天的天气情况，A 和 B 共同选择了气象公司 C 作为数据源。

事情发展到现在还算公平，但是 A 想赢而不想输。于是，“聪明”

的 A 买通了 C 公司。第二天，C 公司告诉智能合约“今天不下雨”。智能合约回复“收到”。所以，A 赢了。实际上今天雨哗啦哗啦地下，但智能合约无法查验信息的真伪。

又因为智能合约是强制执行且不可更改的，就算所有“人”都知道 B 才是正确的，也没有办法，钱会自动转给 A。

去中心化的预言机

针对上述问题，以太坊上最早的解决方案是，所有持币者都针对“今天下雨了”和“今天没有下雨”这两个结果进行分析，判断是否符合客观事实，并对结果进行投票。如果 A 想作弊，那么它需要花费更多的成本来篡改结果，因为在网络中总是有一些诚实的人。这个解决方案虽然有效，但缺点是太慢。

其实从本质上来看，上述每一个投票者都是一个预言机。Chainlink 让开发者在智能合约中选择任意数量的预言机，不仅能防止单个预言机宕机对整个系统造成影响，还能防止单个预言机遭到黑客攻击、被收买的现象。此外，预言机还能够从多个来源采集数据，最大限度地避免单一数据源出现误差。

事实上，Chainlink 不仅是一个预言机网络，还是一个生态系统，其中包含许多并行的去中心化预言机网络。每个预言机网络都能独立提供多种预言机服务。图 3-9 为 Chainlink 的示意图。

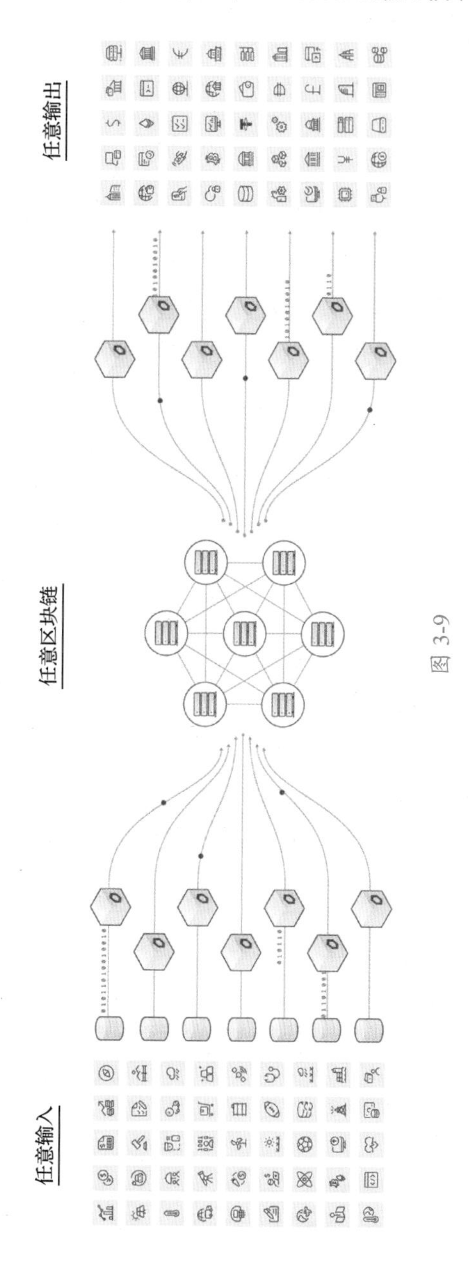

图 3-9

Chainlink 的其他特点

信誉系统是 Chainlink 的一个特色。与淘宝、美团、滴滴平台上卖家、商户和司机的信誉系统或者评价系统类似，Chainlink 也为预言机开发了一套信誉系统。这里的“信誉”由各种指标综合衡量而成，包括运行时间、响应时间及成功完成的任务量等。

智能合约的数据请求方可以根据评分来选择预言机，也可以随机选择预言机。就像你点外卖一样，可以根据店铺评分来选择，如果时间紧迫那么可以随便点一家外卖，果腹而已。这个信誉系统不仅为开发者提供了可靠的参考指标，还约束了各个节点为其提供的服务负责。

Chainlink 还建立了“押金”制度，对诚实节点发放奖励。节点必须预存一定数额的 LINK（Chainlink 平台的 Token）作为保证金，才有机会参与数据处理。如果该节点提供的数据被发现是异常数据，那么其保证金将被没收，并支付给数据请求方作为补偿。从这个方面来看，Chainlink 采用博弈论[①]的原理激励节点提供准确的数据。

① 谢识予. 有限理性条件下的进化博弈理论[J]. 上海财经大学学报, 2001, 3（5）:3-9.

去中心化存储

早在 2017 年以前，以 IPFS 为代表的去中心化存储方案已成星星之火，关于传统中心化存储与新兴的去中心化存储的讨论日趋热烈。

IPFS 与 Filecoin

IPFS 的全称为 InterPlanetary File System，即星际文件系统。IPFS 是一个分布式的点对点多媒体传输系统，其目标是取代现有 HTTP 的地位。IPFS 的一个优点是具有自我修复过程，当个别节点出现问题时，可将其存储的数据转移到其他可靠的节点，提高了数据的安全性。但是 IPFS 本身对于存储特定数据并没有激励措施，本质上还局限在点对点传输的桎梏内。

基于这样的前提，建立在 IPFS 之上的 Filecoin 应运而生。在某种程度上，Filecoin 可以被理解为依托 IPFS 的扩展经济层，用于给数据存储方提供经济激励。Filecoin 通过复制证明（PoRep）和时空证明（PoSt），确保数据存储方保持交易。存储方需要证明自己已收到所有数据，并进行了物理编码封装，同时也需要证明它们存储的数据的随机部分始终存在。

在 Filecoin 看来，数据存储是刚需的，这一刚需的需求量在逐年上涨，云计算是大势所趋，这没有问题。利用 IPFS 分布式存储，可以将闲置的存储资源利用起来，理论上确实比中心化存储成本更低，也更安全，这也没有问题。在 IPFS 上存储是有时间限制的，如果到期没有续费，数据就会丢失，这也可以理解。

问题就在于，目前 Filecoin 矿工赚取的并不是用户支付的存储费，而是平台本身用来激励提供存储空间的奖励。Filecoin 的激励模式建立在两个假设基础上：一是未来会有大量真实数据存储，二是真实数据要占据大部分存储空间。现在，仅平台奖励这一部分就已经相当可观，这就促使矿工自行上传大量无效数据，用以填充存储空间并获取奖励。

实际上，我们可以把 Filecoin 理解为一个专门服务于数据存储的 P2P 网络，或者一个存在于有真实存储需求的用户和提供存储空间的矿工之间的中间商。

“区块链上的亚历山大图书馆”——Arweave

Arweave 与 IPFS 恰好相反，它建立在 HTTP 基础之上，Arweave 生态甚至还能够扩展到 IPFS 上。Arweave 被誉为“区块链上的亚历山大图书馆”，只因其给出了一个令人心动的承诺：一次付费，终身可用。从更宏观的角度来看，Arweave 给人类提供了知识传播和文化传承的载体，使文明火种生生不息。但这并不是对其绝对的夸赞，至少从成本上来看并不是，使用者为了所谓的“永久”，支付了相当高的溢价，却没人知道它是否真的能做到“永久”。

Arweave 更像一张网，而非一条链。Arweave 的四个核心要素如下：在 Arweave 中，每一个节点并不是都需要存储所有区块数据，而是只需要随机验证之前的某一区块，这被称为区块编织（blockweave）；通过区块阴影（blockshadow）和自己的交易文件重构完整区块链；通过 Proof of Access（访问证明）共识机制，在无须存储整条连续的区块链的情况下，矿工可以存储任意区块，并据此生成新的区块；通过 Wildfire 机制保证网络的稳定性，提高节点间数据分享的效率。

看不懂没关系，记住“永久”这个词就行了。然后，我们来思考更简单一点儿的问题。比如，到底什么样的信息需要“永久”存储？你的外卖记录不需要存储很长时间，毕竟你很可能不需要查看三年前的某天点了什么外卖；你的微信、QQ 等的聊天记录和游戏存档，好像需要存储的时间长一点儿，但是也不至于要“永久”存储，我们姑且称其为“半永久”存储；报纸、学术期刊、法律文书等似乎更有永久存储的价值和必要！

以上这些好像不是非用区块链不可，之前很多年都没用，不也是好好的？Arweave 找到了一条适合自己的路：NFT 存储。这很快迎来了爆发式的增长。NFT 通常向链外托管数据，如果这些数据丢失或被篡改，NFT 就会失去价值。在这点上，去中心化存储拥有无与伦比的优势。

在去中心化存储范畴内，对于半永久存储来说，Arweave 可能是较为理想的选择；对于短期存储来说，Filecoin 的价格似乎更有优势。

“区块链的互联网计算机”——Internet Computer

Internet Computer 简称为 IC，由 Dfinity 基金会开发，因此有时候也被称为 Dfinity。

Dfinity 其实是一个很早期的项目，只是由于种种原因，直到 2021 年 5 月才正式上线，早期参与者甚至都忘了还有这个项目。Dfinity 涉及很多高端词汇，例如非交互式分布式密钥生成（NI-DKG）、网络神经系统（NNS）、互联网身份等。你只需要把它简单地理解为一条公链就可以了，但它不是一条普通的公链，它的理想更远大，不仅想做下一代以太坊，还要顺便解决云计算、云存储的问题，这是一个纯粹的 Web3.0 应用平台。对于开发者来说，全部应用都可以放在网络上，而不需要考虑链上和链下数据传输的问题；对于用户来说，理想的体验是像使用现在的 App 一样，而不需要像使用其他公链那样只有持有主链代币才能使用。Dfinity 的愿景是成为区块链的“互联网计算机”。

理想很丰满，现实很骨感。虽然有着不错的愿景，但总体来说，Dfinity 想做的事情太大、周期太长，致使其进展略显缓慢。团队能否坚持到价值体现的那一刻？如果真的到了那时，Web3.0 世界会是什么样的？没人知道，只有时间能给出答案。好在 Dfinity 拥有区块链领域规模最大的科研团队，让这个宏大的目标拥有了实现的可能性。

中心化 vs 去中心化

在未来，IPFS 与 HTTP 很可能长期共存，甚至 IPFS 只占很小的比例。

对于 B 端企业用户来说，其需求并不局限于存储本身，而是更愿意使用集成了存储、CDN（Content Delivery Network，内容分发网络）、应用后台框架、数据库、前端的全套云服务工具。尤其对于 B 端流媒体服务商来说，其自身就是中心化的巨头，需要的就是高度中心化的内容产业作为自己的护城河。

对于普通的 C 端消费者来说，随着制程工艺不断发展，存储介质的制作成本逐年下降，一线品牌的 1TB 固态硬盘的日常价格已不到 500 元，更不用说还有更加廉价的机械硬盘、光盘、磁带等可供选择。另外，网盘服务逐渐成熟，更多的人选择在云端备份自己的数据，只要安全、高速、稳定即可，而对是使用中心化云服务还是使用 IPFS 的感知不强。

这就好比对于我们普通人来说，虽然从蛋白质价值上来看，牛羊肉的价值高，但是我们平时既会吃牛羊肉，也会吃猪肉。笔者认为，去中心化存储确实有其特定的价值，但与“取代 HTTP”的宏大口号相比，仍然有很长的路要走。

区块链安全

在区块链高速发展和享受去中心化便利性的同时，不管是开发者还是用户，往往都会忽视一些安全性问题。这节内容稍偏专业，如果难以理解，那么可以跳过。

恶意挖矿攻击（Cryptojacking）

恶意挖矿攻击是指，在未经授权的情况下，攻击者劫持用户设备用于加密货币挖矿。由于需要足够的算力供给，攻击者通常会同时攻击多台设备，受攻击设备往往是个人计算机或企业级服务器。攻击方式很简单，通常是通过钓鱼邮件、恶意链接等诱导用户运行挖矿程序。随着加密货币价格不断上涨，恶意挖矿攻击的“性价比”逐渐提高，风险增加。

预防此类攻击的方法与传统的安全方法类似，即不点击不明邮件和链接、不下载恶意软件并保持杀毒软件为最新版本，若有余力，则可以留意后台的 CPU 占用情况和网络占用情况。

双花攻击（Double Spending Attack）

顾名思义，双花是一笔钱“花两次”的意思。区块链代币不像流通的纸币，没有实物的存证，但由于时间戳和最长链原则的限制，普通用户在正常使用区块链网络时，基本不会遇到被动双花的场景，但对于攻击者来说，却不是没有可能的。

在通常情况下，存在通过控制矿工费实现双花的种族攻击（Race Attack）、通过控制区块广播时间实现双花的芬尼攻击（Finney Attack），以及最简单、最暴力，也是我们最熟悉的 51%算力攻击（51% Attack）。在 PoW 共识机制下，对 51%算力攻击似乎没有特别好的解决方案。

Conflux 在 CIP-43 改进提案中提供了一种可能性：将交易最终性（Finality）引入 Conflux 网络。CIP-43 提议引入一条独立的 PoS 链，用于监控 PoW 链（Tree-Graph 树图结构）产生新区块的过程，对根据 PoW 共识机制已确认的主链区块达成共识。一旦 PoS 链认为一个主链区块已被确认，所有 PoW 链的矿工就应该跟随其后产生新的区块。此举将有效地避免 PoW 共识机制潜在的 51%算力攻击，并提高 Conflux 网络上的高价值交易确认安全性。

供应链攻击（Supply Chain Attack）

这是一种攻击方式很简单但规避起来很麻烦的攻击方式。随着软件工程不断发展，对各种包/模块的依赖十分常见，而普通开发者不愿意也不可能做到一一检查，默认这些依赖都绝对安全。正如我们所认识的供应链一样，一旦上游供应链厂商出现问题，就会连带着其下游所有流程出现一连串的问题，且难以查验和规避。

开发者能做的事情其实非常有限。一些规模较大的公司或开发团队，有能力强制至少一名技术专家完整核查所有第三方模块，也可以通过抓包的方式查看是否存在可疑请求，在最大程度上确保安全性。只看文字描述就知道，代价太高，一般的开发团队根本无法承担。好在对于一些常见库，会有第三方审计公司予以审计，但面对市面上海量的开源内容，即使有通用的代码审计工具，也只能望洋兴叹。

区块链拒绝服务攻击（BDoS）

区块链拒绝服务攻击，即 Blockchain Denial of Service，简称 BDoS。类似的概念还有 DoS（Denial of Service，拒绝服务攻击）和 DDoS（Distributed Denial of Service，分布式拒绝服务攻击）。

用一台主机对目标主机发起大量的请求，叫 DoS 攻击，这是一对一的决斗。

如果将一台主机换成多台主机，便是常见的 DDoS 攻击。比如，今天下午六点，学校的选课系统开放，大家为了抢到心仪的课，纷纷在 5:59 对选课系统发起访问，可能会发现连网页都打不开，这其实就是一种 DDoS 攻击。

这样的行为如果发生在区块链领域，就是 BDoS。

从理论上来讲，分布在全球范围内的去中心化网络可以消除单点故障，但区块链仍然时刻面临着交易泛滥的威胁。大多数区块链有固定的区块大小，并规定了区块交易的数量，因此通过向区块链发送“垃圾”交易，可以迅速填满区块从而阻碍合法交易。

在 Solana 多次宕机的原因里，很重要的一点就是，网络中交易过多会导致网络拥塞、区块的转发延迟增加、账本更容易出现分叉。一般来说，当账本分叉情况严重时，共识算法的压力就会增加，如果处理不好，最终就会导致系统崩溃。其实这里面一个很重要的问题就是，节点不应该无节制地转发成本很低的垃圾交易。因此，如果 Solana 在容错和流量控制方面的考虑更加全面，在一定程度上就可以保证网络稳定运行。

一般来说，区块链网络的去中心化程度越高，防范 DDoS 的能力就越强。

04

第 4 章

Web3.0 的基本构成元素——NFT

NFT 是 Non-Fungible Token 的缩写，通常被翻译成非同质化通证，不过这个词对于理解其含义没有作用。我们可以简单地把 NFT 理解为一种数据格式，而通过这种数据格式可以把多种形态的信息存储在区块链上，包括图片、声音、视频、纯文本。NFT 的参数如图 4-1 所示。

图 4-1

作为一本科普读物，笔者不想把概念性的东西写得太复杂，关于 NFT 是什么这个问题，你只需要了解以下三点。

Token

NFT 是一个 Token，也可以理解为令牌。你不能把一个 NFT 分成两个，也不可能有两个完全相同的 NFT，即使它们看起来完全一样。与 NFT 相对应的概念还有 FT，在第 7 章“Token”一节中会进行介绍。

存储在链上

与 JPEG（一种常见的图片格式）不同，NFT 并不能存储在本地，但是在本地可以调用链上的数据读取 NFT。当然，你也可以把 NFT 对应的图片信息复制下来存储在电脑上，但是这并不是 NFT，而仅仅是那个完整 NFT 的一部分信息而已。

唯一编码

除了上述举例的图片，NFT 还具有其他多种信息，最重要的就是 NFT 的编码，也就是 Token ID，这个编码是唯一的。

由于以上三点，NFT 成了不可分割、可确权、可追溯的某种信息及价值的载体。载体可以有多种格式或者标准。仍与图片类比，同样一张图可以有 PDF 格式、PNG 格式的，也可以有 JPEG 格式的。NFT 同理。

NFT 的协议标准

随着公链生态的逐步建立，大量优质生态应用开始部署，尤其是与 NFT 相关的应用，如雨后春笋般涌现，但随之而来的是参差不齐的合约质量和标准兼容度。为了链上 NFT 应用的繁荣和可持续发展、应用之间方便集成、保证合约质量和安全，需要统一的底层技术协议标准作为规范。

EIP 和 ERC

作为以太坊社区的一分子，大家都希望以太坊网络的未来技术走向不要集中在几个研发人员的手里，希望可以看到讨论的过程，甚至可以全程参与。这就诞生了 EIP。

EIP 的全称为 Ethereum Improvement Proposals，即以太坊改进提案，是公开征集与讨论如何改进和优化以太坊区块链的途径。事实上，以太坊的任何一次更新，都是 EIP 的贡献。

EIP 大致分为四个阶段。①一个 EIP 被提出之后，首先进入草案（Draft）阶段；②以太坊社区会对此进行讨论，提出支持的或反对的意见，EIP 提出者根据讨论结果调整草案内容（Last Call）；③如果提案被接受，那么进入接受（Accept）阶段，否则重新回到草案阶段；④如果一个 EIP 最终被应用到了以太坊中，该提案就被接受变成了终稿（Final），再也不能进行任何修改。

一旦 EIP 被委员会批准并最终确定应用，它就成为 ERC。ERC 的全称为 Ethereum Request for Comment，即以太坊意见征求稿，用于记录以太坊上应用级的各种开发标准和协议（Application Level Standards and Conventions）。ERC 代表以太坊已正式提案，经由以太坊开发团队审议和测试后通过，并对提案内容进行标准化，用于改进协议规范和合约标准等内容。其后的 20/721/1155/998 则代表提案号，ERC-20 代表第 20 号提案，其他提案号亦然。

所有的 ERC 都是 EIP，反之则未必。

ERC-721、ERC-1155、ERC-998

发展到现在，非同质化 Token 形成了以下几种主要的协议标准。

ERC-721

ERC-721 是最早的协议标准，特点是每一种 Token 都需要一个单独的智能合约。就好比你向老师请假，如果不去上数学课，那么只能向数学老师请假，如果不去上其他课就要找那门课的授课老师请假。

最近 ERC-721 还出现了一种升级版，叫 ERC-721A，可以一次性铸造多个 NFT，显著降低了 gas，使得铸造一个 NFT 和多个 NFT 的成本几乎相当，代表性的项目是 Azuki，这在下文会详细介绍。

ERC-1155

ERC-1155 由 Enjin 团队首创，提出了 NFT 的半同质化方案。所谓半同质化，可以理解为 ERC-20 和 ERC-721 的结合，ERC-1155 允许一个智能合约处理多种类型的 Token。例如，这种合约可以同时包含同质化和非同质化 Token，大大提升了交易效率。你想一想，你如果想请假，只需要请一次就够了，不用管向讲哪门课的哪位老师请假，都只需要请一次假。

ERC-1155 与传统的协议标准的另一个不同之处在于，它不能直接销毁。相反，除非最初的开发人员定期买回 Token，否则它通常会一直流通。

ERC-998

该协议标准支持可组合非同质化 Token（Composable NFT，CNFT），允许任意一个 NFT 捆绑其他 NFT 或 FT。用户在转移 CNFT 时，可以实现 CNFT 所拥有的整个层级结构和所属关系转移。简单来说，ERC-998 可以包含多个 ERC-721 和 ERC-20 协议标准的 Token。运用该种协议标准产生 Token 能实现转账一次就可以打包所有不同类型的 Token。

对于一个猫咪 NFT 来说，猫咪身上可以有同质化资产（比如 BTC、ETH），而其身上的其他特征（比如衣服、帽子、铃铛等）都可以是 NFT 形式的。ERC-998 允许用户在转移这只猫咪时，可以一次性同时转移猫咪身上的所有资产，而不会出现与《哈利·波特》

中罗恩类似的情况——幻影移形后缺了一条眉毛。

OpenZeppelin

OpenZeppelin 是一款开源工具，也是智能合约方面最受欢迎的库源，可用来编写、部署和管理 DApp，在最大限度上提供可靠性和安全性保障。目前，较多的 ERC-721 通过 OpenZeppelin 实现。

OpenZeppelin 主要提供两个产品：合约库和软件开发工具包（Software Development Kit，SDK）。

OpenZeppelin 合约库为以太坊网络提供了一组可靠的模块化和可重用的智能合约，合约使用 Solidity 语言编写。使用 OpenZeppelin 合约库的好处主要是它们已经过测试、审核和社区审查。

合约的类型多种多样，包括以下几种。

（1）访问控制：决定谁可以执行操作。

（2）Token：创建可交易资产。

（3）加油站网络：在你想让你的用户不必付 gas 就能使用合约时使用。

（4）实用工具：在你需要通用且有用的工具时使用。

在 OpenZeppelin 的实现中，实现 EIP-721 主要在 ERC721.sol 文件中，实现枚举部分在 ERC721Enumberable.sol 文件中。

另一种 OpenZeppelin 产品是 OpenZeppelin SDK。SDK 使用命令

行接口（CLI）编译、升级和部署智能合同，可以大大节省开发时间，提高开发效率。虽然在这里无须用到 SDK，但愿意在区块链中无尽探索的你一定会去自行学习，并在未来将其用于区块链的其他开发工作中。

通过文化窥探 NFT 审美趋势：什么样的设计才是“蓝筹”的

Web3.0 之初：什么是流行

当尝试对 Web3.0 品牌进行研究时，我们可以发现一个规律：早期的 Web3.0 品牌形象皆为以像素元素为主导风格进行创作的形象。首先是比 BAYC（Bored Ape Yacht Club，中文一般叫无聊猴）更早出圈的 CryptoPunk，它的形象创作完全基于像素元素，通过像素元素创作了 10 000 个 Avatar（指的是头像类的形象，中文译为阿凡达，但是业内一般直接用英文），开启了 Avatar 元年。无独有偶，与 CryptoPunk 拥有同样地位的 Neon Cat 也是基于像素元素创作的彩虹猫。为什么早期的项目都这么喜欢用像素元素？在探讨这个问题的答案之前，先来看一下像素元素的历史。

Digit（数字）是一个非常常见的词汇。仅列举所有 Digital（数字、数码、电子化的）物件就能列举三天三夜。Digit 的出现需要追溯至 20 世纪。提到 Digit 的历史，我们就不得不提及二进制。所谓二进制，就是用最简单的方式来表达尽可能多的不同的状态，以传递不同的信息。有的信息可能不太方便直接传输，比如“有内鬼，终止交易”，而有的则是为了传输更便捷，比如在计算机世界里。

早期计算机的计算能力相当有限。世界上第一台计算机 ENIAC，即使重达 31 吨，耗电量为 150 千瓦，占地面积约为 170 平方米，计算能力可能还比不上现在的一些高级计算器。在这样的情况下，尽可能减少传输的信息量，可以有效地提高效率。

对于计算机来说，对复杂图形的渲染会占用更多的计算资源。我们可以简单地将图片理解成 x 行 y 列的像素矩阵，图片的像素数 $z = x \times y$。当 x 和 y 都变得极小（比如个位数）时，我们可以很明显地看清图片中的锯齿，这便是像素图片。发展到今天，我们生活中最常见的像素元素便是二维码。可以说，像素元素是最简单的图片，也就自然而然成了早期计算机图片显示的首选。

从 ENIAC 到现在的量子计算机，再到未来的生物计算机，物理介质的发展极大地促进了计算机的发展。英特尔创始人之一戈登 • 摩尔曾经提出，当价格不变时，集成电路上可容纳的元器件的数目，每隔 18 ~ 24 个月便会增加一倍，性能也将提升一倍。这一经验性总结，被后世称为“摩尔定律”。

当硬件设施足够支撑软件开发时，计算机的软件开发正在往多个领域多维发展。游戏这个领域的出现则是软件迈向商业化的第一步，也是人类在商业发展中迈出的里程碑式的一步。在显示屏被赋予色彩之后，我们能看到电子游戏蓬勃发展，其中就包括大家熟知的马里奥和魂斗罗。这些横跨 X 世代（Gen X）至 Z 世代（Gen Z）

的电子游戏让所有游戏玩家对像素元素印象深刻。这些游戏的形象无一不是通过简单的像素元素搭建的。其实这些形象大多数都不能达到完全的“类人”。对于现在的电子游戏来说，Avatar 的形象越类人就越能使玩家获得沉浸式体验。学者陈煜在研究中提到，智能虚拟化身在逼真的几何外观的基础上结合自主认知能力、情感智能等因素可以使用户在交互中实现沉浸感的最大化，从而能够产生可信服的拟人行为。[①]

可能很多游戏玩家在看到上述观点之后想要反驳：当年我拿着“红白机”玩马里奥游戏的时候也有很强的沉浸感啊。事实确实如此。基于一个非常基础的心理学理论——格式塔心理学（完形心理学），结合其中提到的闭合律和连续律可知，人们会寻求事物间的联系，例如把直线延续为直线，把曲线延续为曲线，并趋向闭合、完整的心理图形。由此可以得出，构建一个 Avatar 的成本很低，即使用像素元素也能轻而易举地创作出可以使玩家沉浸的形象。作为所有早期游戏所“被迫”采用的元素，像素元素逐渐形成其文化符号。当在任何场合看见基于像素元素的创作时，我们会在无意识的情况下激活以早期电子游戏为中心的神经网络并且将其归类于此神经网络。在这样的前提之下，像素元素的文化符号则演变成 OG（Original Gangster，意思是元老，但是业内一般直接用英文缩写）的象征，即像素元素=复古=OG。我们基于对文化符号的思考可以推测，早期的 Web3.0 品牌在尝试奠定自己在 Web3.0 时代的 OG 身份时，主观上可能会通过尝试使用像素元素达到其目的。

---

① 陈煜. 交互式智能虚拟化身行为模型研究与应用[D]. 武汉理工大学硕士学位论文.

我们也可以从技术的层面来思考为什么早期的项目会选择使用像素元素作为主导风格。在本章开头，我们详细探讨过 ERC-721 和 ERC-1155。这些针对 NFT 的协议标准的形成离不开我们仰望至今的 CryptoPunk。如今我们提及 NFT 项目，尤其是 Avatar 类的 NFT 项目，会想当然地认为它们都基于 ERC-721 或 ERC-1155。然而，CryptoPunk 实际上使用的是 ERC-20（即目前使用得最广泛的同质化通证协议标准）。当时还没有 ERC-721 和 ERC-1155。CryptoPunk 使用了 10 000 个独立的 ERC-20 合约，以每一个合约只发行一个 Token 的形式发行了这 10 000 个 NFT。对于 10 000 个基于 ERC-20 的合约来说，最简单的实现图像的方法就是使用简单像素，因为这不仅大幅减少了合约部署者需要支付的存储费用，还减轻了实验发起者的设计支出。

与其说 CryptoPunk 是一个项目，不如说它是一个基于以太坊同质化通证标准的实验，因为在 CryptoPunk 发行时，“项目方”并未设置任何铸造费，使得任何人都可以花基础的 gas 铸造一个只属于他的 CryptoPunk。虽然这个实验在 10 000 个 NFT 被铸造完成之后画上了句号，但是它的深远影响远不止于此。

在 ERC-721 和 ERC-1155 逐渐完善和被开发时，其特性完美地满足了加密艺术的需求。在 Web2.0 时代，一个被无数次强调的底层共识是稀缺性。无论是之后要提及的劳动力稀缺化①②还是传统艺术

① 实际上，公司通过劳务合同达到的目的就是使劳动力稀缺化，即这个人在这里工作就不能在别的地方工作。

② 除了经济效应，工资也由劳动的稀缺性决定。

市场中通过介质所实现的稀缺性，我们都能发现在 Web2.0 时代，价值由稀缺性产生。

一个困扰着诸多摄影师及数字艺术家（Digital Artist）的问题是，传统艺术通过纸张或胶片达到了稀缺性，在传统市场中拥有了流通的权利，但可以随意复制的数字艺术品如何才能获取稀缺性从而获得流通的权利？Web2.0 所给出的解决方案是通过第三方机构进行中心化认证。我们可以看到，目前对于任何数字艺术的二级市场管控大多基于第三方机构的中心化服务器，从而获取“权威”背书。我们在 Web2.0 时代倡导版权，倡导专利，而众多的第三方机构则在底层数据库上并不流通。是否存在这样的可能性：艺术家在某权威的二级市场中销售他的一个数字艺术品，然后再去另一个权威的二级市场中二次销售同一个数字艺术品。由于中心化服务器的“孤岛效应”，消费者并不能甄别二次销售的情况。

区块链技术、ERC-721 和 ERC-1155 协议标准的出现完美地解决了这个问题。通过铸造的合约、不可篡改的时间戳，以及区块链共识，艺术家们可以通过 ERC-721 和 ERC-1155 协议标准实现“一个艺术品只在链上存在一份”，从而使其作品获得稀缺性。至此，一个由艺术家拥抱区块链技术及 ERC-721 与 ERC-1155 协议标准而开创的加密艺术元年被开启。[①]当然，在说到 NFT 数字艺术的时候经常有

① 书中曾使用过很多次“元年”这个词汇，实则对于 Web3.0 的发展速度来说，“元年”更像指代“元日”或“元月”。每个时代从被开启到落幕可能仅会持续数月甚至数日。对于瞬息万变的 Web3.0 时代来说，以“年”作为计量单位是不精准的。

人会问："如果我把这些图复制下来自己重新铸造一套 NFT，那么不也有了一模一样的 NFT 了吗？这不是更容易盗版了吗？"之所以会提出这样的疑问，是因为提问者还没有理解 Web3.0 的价值锚点。在 Web3.0 中，NFT 的价值并不在于你有一个长这样的 NFT，而在于其背后凝结的社区共识。也就是说，你当然可以复制、粘贴一套 NFT，但是除了你本人之外没有人认可这套仿品，因此它就毫无价值。

在早期的 NFT 历史中，我们可以看到非常多数字艺术家的作品用 ERC-721 或 ERC-1155 协议标准在二级市场中流通。其中就包括大家耳熟能详的 Beeple 及他的集锦作品"Everydays: The First 5000 Days"。除了数字艺术家，我们也能看到很多传统艺术家通过焚烧现实介质实现作品数字化。至此，对 ERC-721 和 ERC-1155 协议标准的使用由于数字艺术家们的率先接纳还限制在艺术圈之内，这就意味着这段时期内的 NFT 对于审美下限是有要求的。事实上，当 Beeple 的著作"Everydays: The First 5000 Days"被以 6900 万美元的价格拍卖售出之后，很多人对其作品的价值提出了质疑。其原因非常简单，并不是所有人都能对 Beeple 的作品产生共鸣。审美下限对所有对新技术翘首以盼的人们设立了参与成本。由艺术圈主导的 NFT 市场并不允许所有人参与并且体验这场新科技的盛宴。在这个时期，大众的需求显而易见，即需要一个能看得懂的 NFT 项目。其实熟悉艺术史的你大概能猜到接下来发生的故事，即波谱艺术所掀起的"郁金香热潮"。

Web3.0 发展中期：“郁金香热”的重演

无论是在国内还是在国外，资本市场都早已敏锐地观察到了大众急迫体验新科技的需求。于是，在这个时期，我们可以看到非常多的偏向大众审美的数字藏品发行。在国内，我们可以发现很多基于大众认知范围内的热门 IP 通过区块链技术发行“同质化”数字藏品。在海外，由于 NFT 数字藏品起源于艺术圈，对于 NFT 发行方来说，藏品必须自带艺术价值和收藏价值。NFT 市场策略则由基于传统行业现有 IP 发行 NFT 转变为基于波普艺术创立全新的 Web3.0 品牌。在这个时期，我们可以看到很多火热至今并且其地位已被载入 Web3.0 史册的 NFT 品牌，其中就有被各路明星疯狂带货的无聊猴——BAYC。

从一个微观的视角来看 NFT 乃至 Web3.0 的历史，对于大众来说，可能有两个重要的节点，一个是 Beeple 拍出天价的 NFT 数字藏品“Everydays: The First 5000 Days”，另一个是库里花天价购入 BAYC 系列 NFT 并且将它们换作自己的推特账户的头像。前者象征着 Web3.0 时代的敲门砖，而后者则预示了 Web3.0 入侵 Web2.0 的“降维打击”。

其实很多人在第一时间对 BAYC 系列 NFT 的主观评价是负面的，难以接受自己在 Web3.0 时代以一只猴（或者猩猩、猿类）的卡通形象出现。很多人对这个世界的认知可能还停留在优胜劣汰的阶段，排斥超出自己审美边界的事物。他们或多或少都低估了波普艺术对每个人审美根基的影响。作为艺术商业化的里程碑，波普艺术打破了大众接触艺术的壁垒，通过日常大大小小的事物反复锤炼着人们对于艺术定义的边界。BAYC 不仅在 Web3.0 平台中简单曝光，在波普艺术的核心之上，还真正做到了教育大众和引导审美趋势。

BAYC 通过猴子的形象切入主流市场，唤起所有人对猴子/猩猩这个文化符号的记忆。无论是东方耳熟能详且家喻户晓的孙悟空，还是全世界范围内认同的进化论，人类对猴子与猩猩的认知早已不再是单纯的生物学上的“灵长类动物”，而是附加了更多文化上的意义。相较于与人类基因相差更多的其他物种，与人类基因相似度高达 98%甚至 99%的猩猩对于人类来说更为亲近。通过使用猴子/猩猩的形象切入，也可以避免受众基于恐怖谷理论对品牌形象的排斥。

更为巧妙的是，从设计的角度来看，BAYC 在设计之初就早已为其受众刻画出 Web3.0 的用户画像，由此也为后续 Web3.0 的发展奠定了基石。Yuga Labs（BAYC 母公司）的联合创始人 Greg Solano（也叫 Gargamel）曾表达过他对 BAYC 设计的看法。在他看来，BAYC 的设计更多地服务于情绪的表达，BAYC 的设计让他看到了“一种存在主义的无聊感”。通过设计具象化表达 Boredom（一种厌倦、无聊的情绪），BAYC 更进一步与 Gen Z 受众达成共情。与 Gen X 和 Gen Y 相比，对于在更为优质的环境中成长的 Gen Z 来说，他们对 Boredom 的感知更为强烈，也更为敏感。具象化 Boredom 的表达形式可以让 Gen Z 得到更深层的共鸣。

至此，由 BAYC 统领的波普艺术降临 Web3.0 世界，为其文化打上标签。继 BAYC 之后，我们可以看到越来越多的基于波普艺术打造的 IP 横空出世。它们无一不在为 Web3.0 的文化塑形。对于很多涉足二级市场的 Web3.0 边缘参与者来说，他们对 Web3.0 品牌的存在并无实质感知。在他们眼中，这些五花八门的图片就像 17 世纪荷兰经济泡沫时期的郁金香。如何从这个价值炒作的大环境中险中求胜，是每一个品牌方都应该思考的。

审美意识变迁：参与人的变化导致审美变化

站在现在这个时间节点回看 NFT 的历史，我们会发现其实无论多么新颖的事物都存在过往历史文明的映射。如果再早一点儿对 Web3.0 文化做分析，可能不一定能分析出什么。但在目前这个节点，Web3.0 文明已然起步，而一个非常重要的节点就是女性主题在 Web3.0 时代异军突起，关于这点稍后再做论述。下面先从早期 NFT 市场表现切入，窥探 Web3.0 文明。

早期的 NFT 市场审美都以西方主流审美为导向，甚至同一个 IP 的不同形象会影响其价格，这可能与当时市场的主要参与者群体相关。购买者可能希望买一个与自己心目中理想形象相匹配的 Avatar，这种理想形象或者是他在现实中的形象，或者是他希望成为的形象。Gonzalez Franco 的 EEG（脑电波）实验表明，实验对象在看到不熟悉的面孔时大脑视觉皮层中专门处理面部识别的区域反应强，而在看到熟悉的面孔时反应弱，这意味着对熟悉的面孔大脑处理起来更得心应手，从而推测人潜意识里可能倾向于选择与自己相像的形象。我们或许可以得出以下观点：在社会文明里，某个群体可能拥有相对优越的环境，促使他们对新科技持有更开放的态度。这就导致在早期参与到 NFT 市场中的大多数人属于这个群体，他们以更贴合自己现实中的形象为目标收藏 NFT。以上观点反映在市场上就是，往往符合西方审美的设计会有更好的表现。不过随着 NFT 圈子的扩大，也有一些相对小众的审美风格进入了大众视野。例如，由日本文化主导的 Anime 风格。

0N1 Force（On One Force）和 The Sevens 是两个可以代表东方文化在欧美市场兴起的品牌。大家发现其实东方文化也可以撼动以西方审美为主流的 NFT 市场，在此之前甚至鲜有人尝试发行有东方元素的 NFT Avatar 形象。这两个项目以日韩漫画风为主，嵌入了一些大家熟悉的元素，比如海贼王、死神、七龙珠等流行漫画元素及以浮世绘为主导风格的日本古典艺术风格。现在很难探究究竟是这种风格造就了其社区的繁荣，还是由社区主导推动了东方文化在 NFT 市场上出现了一轮热潮，但是可以确定的是过往以西方审美为主的 NFT 市场对此并不反感。这是一次小众文化（相对于传统 NFT 市场来说）的成功尝试，也是一次对于 NFT 多元化发展和扩大触达人群的有效推动。自此，越来越多的小众文化开始尝试通过 NFT 的形式发起、巩固、扩大自己的社区，Azuki 是截至 2022 年第一季度最成功的案例。关于这些明星项目，我们将在“NFT 分类”一节详细说明。

从设计上来看，0N1 Force 在市场上的突破不仅有前面提到过的动漫风格，还有针对女性 Avatar 的尝试。早期的热门 NFT 项目（例如，BAYC、CoolCat、Pudgy Penguins 等）都以“伪无性别特征”的方式体现其设计。为什么说是“伪无性别特征”呢？其实原因很简单，当时所强调的“无性别特征”只针对非男性的性别特征。我们能看到在很多设计中对配饰的选择都规避了女性更青睐的配饰。0N1 Force 则在设计之初就打破了当时已经固化的性别壁垒。在 0N1 Force 的设计中，我们可以发现很多有明显女性特征的设计，例如长发、马尾辫等。0N1 Force 的尝试是大胆前卫的，但它并不足以撼动整个早期的 NFT 市场。

真正的转折发生在 2022 年 1 月初。多个以独立女性为题材的 NFT 在市场上迎来了热潮。这些项目方团队几乎都以女性为基础搭建，完全贴合其品牌愿景。0N1 Force 等小众元素的兴起预示了 Web3.0 世界的审美进化，而女权主义在 NFT 市场的兴起则预示着 Web3.0 世界的文化跃进。审美进化体现在被市场接纳的品牌设计风格，而文化跃进则意味着市场开始接纳品牌的多元文化愿景，并且愿意为此买单。品牌被允许通过 NFT 的形式向全世界传播自己的思想宣言仅仅只是 Web3.0 文化百家争鸣的敲门砖，而未来的 Web3.0 到底会以怎样的形态继续发展，我们在场的所有人都无法预测。我们需要做的是，保持冷静，拭目以待。

NFT 分类

Avatar

头像类项目的 NFT 通常总量固定，并且每一个都不相同，由几百种，甚至上千种不同的元素组合而成，在发售时通常为盲盒，在约定的时间“开图”。最早的头像类项目是 CryptoPunk，现在持有该 NFT 的人被 Web3.0 世界公认为老 OG。

0N1 Force——第一个构建 NFT 社区的品牌

0N1 Force 的头像如图 4-2 所示。

图 4-2

随着 0N1 Force 横空出世，日漫风（Anime）迅速席卷 Web3.0 世界。作为第一个，也是当时唯一一个基于日式动漫风格创作的 NFT 品牌，0N1 Force 凭借自己独特的画风挑战当时还被西方审美主导的主流 NFT 市场。其实这一点足以让 0N1 Force 在当时大出风头，可是 0N1 Force 为 NFT 乃至 Web3.0 世界所带来的变革远不仅如此。

直至今日，对于大多数 Web3.0 用户来说，早期加入自己看好的 NFT 社区并且为社区提供力所能及的贡献是一件稀松平常的事，这件事可能平常到仿佛早已写入 Web3.0 世界的公约。对于很多后期探索 Web3.0 世界的玩家们来说，这段足以载入 Web3.0 史册的革新可能从未有人对他们提及。我们把时光倒退至 0N1 Force 出现之前的 Web3.0 世界。

0N1 Force 出现之前：白名单机制问世前的混沌之日

笔者自认为不算 Web3.0 世界的 OG，只是有幸体验过那段还没有白名单机制的 Web3.0 世界。无论你相信与否，在 0N1 Force 出现之前，没有任何一个项目使用过白名单机制。在 0N1 Force 之前的项目都一律使用公售机制在一个固定的时间点为所有 Web3.0 用户开放铸造。在同一个时间点开放的公开铸造机制看似对所有人都公平，实则不然。在那个时代，对于所有 NFT 玩家来说，必不可少的就是一位"科学家"朋友[①]。就像三国时期卧龙、凤雏得一便可得天下一样，在当时便是得"科学家"者得天下。原因如下：

首先，"科学家"可以通过代码实现定时自动铸造 NFT。很多人会小看那几秒甚至几毫秒的时间，但是这几毫秒对于使用公开铸造机制的 NFT 项目公售来说可谓"差之毫厘，失之千里"了，因为这几毫秒的时间足够让他们完成抢跑。

其次是限量铸造机制。由于使用公开铸造机制，绝大多数项目方为了避免大户在公售时吸筹，对每个地址都追加了数量限制。打个比方就是"每个钱包地址只能铸造 5 个 NFT"。这样的限制虽好，

① "科学家"是 Web3.0 圈内术语，通常指有自主编程能力的开发者。

但只能限制普通用户。对于“科学家”来说，多地址同时铸造可谓小菜一碟。绝大部分高端玩家在当时的操作是雇用“科学家”，为“科学家”提供资金并进行后续分成。如此一来，那些不愿意雇用“科学家”或找不到“科学家”朋友的玩家只能通过提高铸造 gas 来参与公售。这样一来，看似公平的机制实则对所有热爱 NFT 的玩家都提高了入手门槛。取而代之的是，玩家不可避免地将自己倾尽心血创作出来的作品交付给“科学家”与投资者。这样“畸形”的持有者画像导致的结果就是社区无法达成任何共识。真正热爱项目的用户进入社区只有两种方式：①在公售时参与 gas war（指的是在短时间内全网出现大量交易需求导致网络拥堵，用户需要提高 gas 才能完成交易的现象）并且承担铸造失败后浪费的 gas。②在二级市场中溢价收购 NFT 让投资者如愿以偿。无论是以上哪一种情况，对于踌躇满志地想要加入社区的 Web3.0 用户来说都是难以完全接受的。

在这个阶段，对于所有尝试基于 NFT 创立品牌的项目方来说，找出局部最优解迫在眉睫。就在这时，0N1 Force 立项并以其独特的 PoW 机制开启了 Web3.0 真正意义上的社区驱动时代。

0N1 Force 出现之后：究竟谁需要向谁证明价值

在以往的基于 NFT 搭建品牌的项目中，常见的是自下而上的运营方式，即基于 Web2.0 时代的品牌搭建路径，由项目方作为中心向下传播价值。传播价值的渠道通常为推特、NFT 社区、NFT 项目信息聚合器等。用户可以通过以上渠道判断品牌是否有价值。当时可量化的指标可以是品牌的推特账户被哪个“大 V”关注或品牌在推特上发布的消息被哪个“大 V”转发、品牌是否在别的 NFT 社区曝光、品牌是否自费将其信息载入 NFT 项目信息聚合器等。

虽说直至今日这些指标可能还是 Web3.0 用户评判一个项目好坏的依据，但在那段时间里，多数品牌推广行为是由项目方发起的。从一个全局的角度来看，这个时期的大多数 NFT 项目是由品牌方向 NFT 玩家证明其品牌价值的。这也是 Web2.0 时期常用的手段：品牌方通过铺天盖地的广告向用户展现其价值，而这些广告成本则被分摊到每一个愿意为其买单的人身上，这也就是我们常说的“品牌溢价”。这样自上而下的营销方式逐渐在项目方与其社区成员之间建立起一道高墙。忠实用户建立起“我所花的钱已经用在品牌推广上”的认知，导致忠实用户并不愿意动用其资源帮助品牌更好地推广。他们唯一愿意做的品牌推广行为只有无成本的投入，即类似于向周围的朋友口头分享等。他们的参与并不能使自己获得任何好处。

事实上，一些品牌已经察觉到了这个价值缺口。现在，我们经常能看见“社区大使”类项目（Ambassador Program），让用户通过点对点的模式获得一定的回报。然而，这种模式存在着“社区大使”“贩卖”亲朋好友对自己信任的诟病。

当众多项目方还在尝试用 Web2.0 的思维在 Web3.0 世界开疆扩土时，0N1 Force 提出了一个全新的模式：对社区成员进行 Proof of Value（PoV），即价值证明。其实很多人将其定义为 Proof of Work（工作量证明），但是笔者认为如果简单地将 0N1 Force 的模式定义为工作量证明太过肤浅。

0N1 Force 做了什么

（1）白名单机制。

与以往的公开铸造机制不同，0N1 Force 率先采用白名单机制，具有白名单资格的社区成员可以在公售之前铸造 NFT。这就意味着这些社区成员可以在避免 gas war 的前提下以接近铸造费用的成本铸造 0N1 Force 的 NFT。具有白名单资格同时保证了参与预售成员的获利，即参与预售的成员与参与公售的成员相比免去了 gas war 所带来的高额 gas。据第三方媒体报道，以太坊 gas 在 0N1 Force 开放公售时一度飙升至 2400gwei（以太坊上的 gas 单位）。如此一来，在二级市场中 0N1 Force NFT 参与公售的成本已然远超于参与白名单预售的成本。对于项目方来说，如此巨额的福利一定是要给社区核心成员的。如何才能尽量公平地筛选优质的社区成员呢？这就涉及前面提到的 PoV 了。

PoV 是对社区成员的价值（对项目而言）进行筛选的共识机制。对于那个时期的 0N1 Force 来说，项目方所珍视的社区成员的价值大多基于社区成员对社区活跃度的贡献。大多数白名单资格都是社区成员通过在社区内不断聊天与制造话题获取的。在 0N1 Force 社区中，我们可以看到社区成员从交流诗词歌赋到畅谈人生理想。社区讨论的话题跨度之大，积极性之高，让所有新老成员都认可其社区的高包容度。这一点在 0N1 Force 之前是没有任何社区可以与之媲美的。

0N1 Force 的成功也离不开所有为项目做贡献的社区协调员。与其他项目不同的是，0N1 Force 项目方的成员配比比当时其他的社区更侧重于社区协调。在项目初期，0N1 Force 就将社区协调员的作用发挥到极致。早期的 0N1 Force 有超过 5 名社区协调员参与社区搭建。他们会在不同的时间段通过文字的形式加入社区讨论并且适度引导讨论的方向。由于社区协调员各自都拥有独特的人格标签，在他们加入社区讨论时，社区成员们都能立刻发现他们的特点和认知范围。参与过 0N1 Force 社区讨论的成员可能对 0N1 Force 的社区协调员还有一定的印象。笔者还能记得的有生成艺术家 Strawberry、拥有深厚文学底蕴的 Writer 及 Philosopher，以及身处澳大利亚的 Jess。轮番的讨论及完全不同的人格标签使得社区成员可以在社区协调员的参与下不间断地探讨大家所感兴趣的一切话题，即使话题与项目无关。

从集体的角度来看，0N1 Force 社区极度健康，但对于社区成员自身来说，0N1 Force 的 PoV 实际上就是一场大型“压榨”活动。大多数社区成员基本上都需要熬夜在社区中用最积极的态度给社区制造热度。少数社区成员则通过实际产出获得了白名单资格。其中有为 0N1 Force 活动做主持人的，有基于 0N1 Force 做二度创作的，也有基于 0N1 Force 的设定创作小说的。

无论是实际产出还是制造热度，绝大多数核心成员都获得了奖励。由于价值审核仍基于中心化体系，项目方的审核难免会有遗漏。在 0N1 Force 社区中出现过通过不同的账户获取多个白名单资格的社区成员，也出现过社区成员抱怨自己连续熬几个通宵也没拿到白名单资格的事件。即便如此，不可否认的是，0N1 Force 在 Web3.0 的早期搭建中提供了一个完全跳出 Web2.0 时期的营销思路，即社区成员基于白名单资格为项目无偿贡献其价值，而项目价值的体现则基于社区质量。这样的思路同时也完成了 Web3.0 底层逻辑的搭建，即共识决定价值。

“共识决定价值”的逻辑被 Web3.0 用户接纳正是因为 Web3.0 的底层技术——区块链的底层逻辑。在之前的章节中我们曾提到过区块链的底层逻辑，其中就提到过 51%原则，即超过 51%的算力认可的区块将被主链认可成为下一个区块。51%原则背后的逻辑就是超过半数的人认可即被全部人认可。这也就是我们一直提到的“共识”。

0N1 Force 将由算力组成的共识转化为由社区成员的贡献所凝聚的社区价值共识。共识的强弱完全基于社区成员的价值贡献大小。至此，项目与社区形成强绑定状态，与 Web2.0 不同的是，每个社区成员都可以参与品牌搭建，为项目提供力所能及的贡献。

（2）世界观搭建。

除了白名单机制，0N1 Force 在项目立项之时还有很多与众不同的配置，其中就包括世界观的搭建。早在立项之前，0N1 Force 就已经搭建好了一个宏大的世界观。在当时的网站上赫然出现的是一个巨大的公售倒计时。这个倒计时并不是为公售准备的，而是为每个人在现实生活中身份的“死亡”设立的。除此之外，每一个获得认可的社区成员都会被除去姓名（nameless），以此预示他们在 0N1 Force 宇宙中重生。社区协调员也会在社区中发布自己基于 0N1 Force 创作的小说，后续也有社区成员参与小说的撰写。这些都为 0N1 Force 创作的独立漫画奠定了基调。

在 0N1 Force 社区里，对一个社区成员最大的祝福是祝他的姓名被除去。这样的设定变成了后续 NFT 项目参考的范本。这让越来越多的艺术家们意识到，要想在 Web3.0 世界搭建品牌不仅需要优质的设计，还需要搭建自己的世界观，搭建自己的社区共识。这一模式在 0N1 Force 成功之后变得越来越程序化。我们可以看到，越来越多的优质 NFT 项目基于 0N1 Force 的模式在 Web3.0 世界打出自己的名号，其中就包括 Doodles 和 Azuki。

Doodles——线条简单、色彩丰富

Doodles 的头像如图 4-3 所示。

图 4-3

Doodles 是一个由社区驱动的 NFT 项目，NFT 的总量为 10 000 个。

Doodles 的第一位创始人和项目的主创艺术家是 Scott Martin（工作化名是 Burnt Toast）。他是一位加拿大的插画师、设计师、动画师

和壁画师，曾为谷歌、WhatsApp、Snapchat 等公司提供过艺术类的服务。Doodles 的第二位创始人兼 CMO（首席营销官）是 Evan Keast（也叫 Tulip），是 Kabam Games（一家互动娱乐公司，制作过多个多人在线社交游戏）、Dapper Labs、*CryptoKitties* 和 *NBA Top Shot* 的前首席营销官。Doodles 的最后一位创始人兼 CPO（首席产品官）是 Jordan Castro（也叫 Poopie），是 *CryptoKitties* 和 Dapper Labs 的前产品经理。技术开发团队为 WestCoastNFT。

Doodles 在 2021 年 9 月初开放了社区，并在 9 月底至 10 月初进行了第一轮白名单资格的征集，当时每个 Doodles NFT 的价格是 430 美元左右，第一轮售出了一半左右的 NFT，而且获取的方式比较简单。在第一轮白名单资格征集完之后，他们团队在 10 月 7 日决定关闭社区。这个操作让早期参与者的凝聚力空前强大，毕竟在这之前进入 Doodles 社区是没有门槛的，并且 Doodles 给白名单资格非常大方，每个人都可以得到至多铸造（业内一般称为 Mint）5 个 NFT 的权利，笔者认为这种机制对加强社区的凝聚力有非常大的推动作用。

在 2021 年 10 月 17 日公售时，比较有意思的是公售的时间并没有在此之前告知大家，社区只是说在太平洋夏令时的下午 6 点之后开放 Mint，并且具体的公售时间会在官方的推特账户上公布。这样做的好处是“科学家”无法提前将抢 NFT 的合约交互脚本写好，避免有人一次性获得太多的 NFT，从而使持有人尽量分散，以减轻未来二级市场的抛压，同时也可以促使想参与的用户持续关注官方的推特账户。在各个 NFT KOL（关键意见领袖）的推广和良好的团队运营下，公售时 gas war 如期爆发，以太坊上 gas 峰值达到了惊人的

7000 gwei，让头像类 NFT 市场迎来了牛市。

在公售后的第二天，也就是 2021 年 10 月 18 日，凭借社区超高的凝聚力及火爆的热度，该 NFT 的地板价格（Floor Price，指最低的价格）达到了 4095 美元，让早期参与者及在公售时抢到该 NFT 的幸运儿获得了第一批 Doodles 文化的红利。

在此之后，Doodles 团队继续按照路线图（roadmap）推进 Doodles 社区发展。在 11 月 16 日，Doodles 团队公布将举办迈阿密巴塞尔艺术展，并且邀请 Doodles NFT 的持有者参展。这一操作再一次引爆了 Doodles 社区，大家都看到，原来自己的 NFT 真的有机会在艺术展上被展示，当天该 NFT 的地板价格涨到 17 500 美元，大约是发售价格的 40 倍。

随后，在 Doodles 银行和各种新项目白名单资格的激发下，Doodles 社区的 FOMO（Fear of Missing Out，指的是一种害怕错过的心理）情绪在 2021 年 12 月底到 2022 年 1 月初彻底爆发，该 NFT 的地板价格一路上涨，到 2022 年 3 月为止已经达到了 52500 美元左右，大约是发售价格的 122 倍。

我们可以复盘一下 Doodles 的成功，大致上可以总结出以下几点。

（1）NFT 的整体设计风格非常符合大众审美，无论是西方文化还是东方文化都比较容易接受这种风格。

（2）从公售的操作中可以看出，Doodles 团队不仅依靠主创艺术家 Scott Martin 的强大美术功底，在这个团队身后还有 Tulip、Poopie

两位重量级的 NFT 项目运营专家。运营团队相当专业，从征集白名单资格到公售，对社区的凝聚力打造都非常有规划，前期的宣发和造势做得也非常好。

（3）路线图由 Doodles NFT 的持有者进行投票治理，将社区的能量放大，集思广益，贯彻去中心化思想。

（4）达成广泛的圈内外共识。圈内著名的 NFT 收藏家（如 Pransky）和各类行业精英（如推特的营销主管 Justin Taylor、Reddit 的 COO Alexis Ohanian、著名歌手 Snoop Dogg、著名 DJ Steve Aoki 等）都曾表达过对 Doodles NFT 的喜爱，甚至在自己的公开社交媒体平台上使用 Doodles NFT 作为头像，最终带来更大的粉丝效应。

Azuki——东方文化崛起

Azuki 的头像如图 4-4 所示。

图 4-4

Azuki 是一个日系动漫风的头像 NFT 系列，共 10 000 个，拥有头像的用户可以访问“The Garden”元宇宙。

Azuki 的主要创始团队为一个洛杉矶的加密社区——Chiru Labs，他们拥有丰富的 Web3.0 操作经验和游戏开发技术，励志将 Azuki 打造成一个蓝筹标的。Azuki 的主创艺术家包括守望先锋（Overwatch）的艺术总监 Arnold Tsang 和曾在《街头霸王》漫画团队工作的 Joo，这两位都是老二次元用户，非常热爱动漫。Azuki 的技术方面主要由 Facebook 的前软件工程师 LOCATION TBA（网名）负责，其部署的合约 ERC-721A 非常有新意，大大减少了用户铸造 NFT 所需的 gas。Azuki 的社群运营方面由曾在谷歌任职的 PIZOOKIE（网名）负责，他对 NFT 社区运营、社区氛围打造极为看重，Azuki 的成功离不开由他一手打造的聚集高度动漫共识的社区。

Azuki 的售卖一共有三个关键节点，分别为荷兰式拍卖（2022 年 1 月 12 日）、白名单阶段（2022 年 1 月 13 日）及公售（2022 年 1 月 15 日）。

在第一个节点，他们选择使用了一种特别的方式——荷兰式拍卖（降价拍卖法），首次拍卖的价格为 3300 美元/个，每个用户最多可以铸造 5 个 NFT，假如没有铸造完，那么价格每 20 分钟下降 165 美元，直到降到 495 美元结束，但是由于用户高度热情，在 3 分钟内，这个阶段的 8700 个 NFT 就以 3300 美元/个的价格售罄了。

第二个节点——白名单阶段，由 PIZOOKIE 精心设计。为了区别于目前主流项目采用的在社区中发言升级或通过邀请人加入社区获得白名单资格的方式，他利用特殊的方式寻找真正的长期支持者，而且结合了社交媒体的真实互动——几乎每一个白名单用户，都是由他精心挑选出来的具有高度共识的用户。这样的用户质量很快就在二级市场中体现出了作用。

最后一个节点是公售，本来公售的铸造价格应该是荷兰式拍卖中卖出的最后一个 NFT 的售价，即 3300 美元（当时的价格）。由于此前大家参与铸造的热情非常高，到公售时只剩下了 17 个盲盒，因此官方取消了公售，改成了在社区里抽奖发放。

最后，官方只保留了 200 个 NFT 用于开发、合作等事项。至此，所有的 NFT 发放完毕。

我们不妨回顾一下在 Azuki 之前的各个日漫风（Anime）NFT。在 NFT 市场上同时具有东方元素和二次元这两个标签的 NFT 项目一直处于空缺状态，直到 0N1 Force 项目出现。虽然 0N1 Force 开启了审美多元化的时代，但是 Anime 风格一直缺少一个龙头品牌。0N1 Force 与 The Sevens 在设计层面上一直都没有成为龙头品牌。

Azuki 在完全分析了这两者没有做好的原因后，拥有了非常明确的目的：成为一个横跨二次元、潮牌的大蓝筹（指的是长线顶级 NFT 系列，参考“蓝筹股”概念）。他们团队完全具有这个能力，有 Overwatch 艺术总监、Facebook 前软件工程师、谷歌产品经理等大型科技公司背景，实力毋庸置疑。大部分 NFT 以盲盒形式发售之后，因为稀有度等问题很多 NFT 会以低于盲盒出售的价格被卖出，而 Azuki NFT 却相反，在开完盲盒之后它的价格不降反升，该 NFT 依靠精良的画风及元素获得了大家的认可，哪怕是大众货，大家都觉得很好看，在完全符合东方审美的情况下又兼具西方美学，试问这样的精品二次元 NFT 谁能不爱？

除了有画风精良这个优点，Azuki 的路线图思路也非常清晰，以 NFT 为支点，不管是艺术展、游戏、DAO、治理 Token 都在有条不紊地进行中且十分透明，大家都对这个项目的团队实力没有丝毫怀疑，在强烈的 FOMO 情绪下，在 2022 年 2 月 1 日，Azuki NFT 的当日均价已达到 18.7216ETH（约 52 464 美元，数据来自 OpenSea 网站），是其铸造价格的近 20 倍。或许对于这个团队和这个项目来说，这仅仅是开始，让我们拭目以待。

刻在区块链上的声音——音乐 NFT

2021 年，NFT 市场迎来了井喷式的增长，音乐 NFT 作为一个重要的分支，似乎并没有像头像类 NFT 一样引起大众的注意。

资本涌入音乐 NFT 市场

资本早已嗅到音乐 NFT 市场的潜力，一直在加码押注这个赛道。2021 年 11 月，a16z 和 Coinbase 等著名机构给音乐 NFT 平台 Royal 注资了 5500 万美元。新兴音乐 NFT 平台 OneOf 获得了 Nima Capital、Sangha Capital 及 Tezos Foundation 的 6300 万美元种子轮融资。

根据 Footprint Analytics 的统计，音乐 NFT 目前仅占整个 NFT 市场的 0.11%。虽然目前音乐 NFT 市场规模不大，但是整个音乐市场很大，况且当下 NFT 领域迎来爆发式增长，随着主流市场对音乐 NFT 越来越重视，以及更多资本的涌入，我们有理由相信，音乐 NFT 很可能会成为下一个风口。

音乐 NFT 的发展

2021 年，越来越多的歌手开始尝试制作、发行自己的音乐 NFT，这让音乐 NFT 逐渐在圈外产生了更多的影响力。

2021 年 2 月初，加拿大著名电子音乐人 Jacques Greene 对他的全新单曲 *Promise* 进行拍卖，拍卖前大家只能听 6 秒的音乐片段。最终，这首歌以 13ETH（当时约为 23 000 美元）的价格被拍走。

入选过世界百大 DJ 的音乐人 Justin Blau（又名 3LAU）在 2021 年 2 月底与 Origin Protocol 合作推出 NFT 专辑 *Ultraviolet*，通过拍卖筹集了 1170 万美元。图 4-5 为 3LAU 转发自己发行 NFT 的新闻。Origin Protocol 称这次拍卖具有重大的意义，因为这是世界上第一张 NFT 音乐专辑。

电子音乐一直是音乐 NFT 市场上的主力，IMS（国际音乐峰会）在 *IMS Business Report 2021* 中指出，在发行的所有音乐 NFT 中，76% 的 NFT 属于电子音乐类别，摇滚和流行音乐 NFT 占销售总额的 24%。

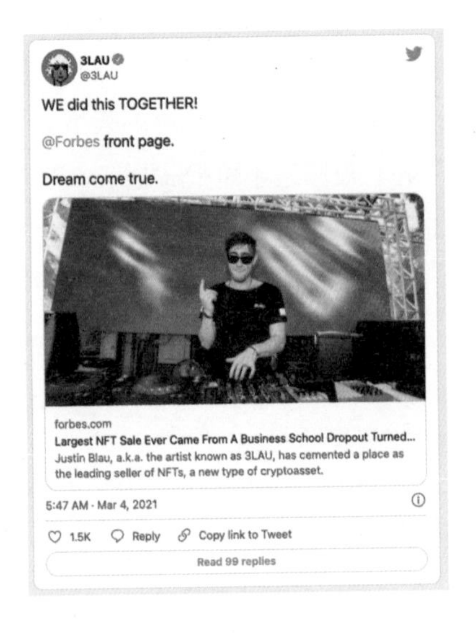

图 4-5

2021 年 7 月底，著名音乐人坂本龙一发行了自己的音乐 NFT。他将自己的代表作品 *Merry Christmas Mr. Lawrence* 中右手旋律的 595 个音符逐一进行数字化分割，然后转换成 595 个 NFT，每个 NFT 以 10 000 日元的价格出售。NFT 发售后就有买家立刻转售，有的音符 NFT 的价格最高被炒到了 20 倍。

与此同时，国内也有一些音乐人积极地参与进来。2021 年 7 月，参加过第一季“中国好声音”的爵士歌手赵可，把单曲 *Lost in translation* 做成了 NFT 在全球发行。

2021 年 8 月，胡彦斌把自己在 2001 年未公开的 Demo 版本的歌曲《和尚》做成了 NFT，在 QQ 音乐上发售 2001 个，随即售罄。

音乐 NFT 的意义

在传统音乐市场中，音乐人一般可以拿到 50%的分成，剩下的被广告公司、发行商和律师分走。在流媒体音乐市场中，音乐人能拿到的就更少了。据《福布斯》报道，在全球最大的音乐流媒体平台 Spotify 上，那些排名前 0.8%的音乐人，能从平台上拿到的收入连 5 万美元都不到。

虽然歌手除了拿音乐平台分成，还可以通过举办演唱会、接一些商业广告来赚钱，但是毕竟只有极少数非常火的歌手才有这样的机会。在国内音乐市场中，独立音乐人和小众歌手的生存环境可能比较差，音乐平台的分成可能满足不了他们的生活需要，他们需要不停地奔波于各个音乐节。

音乐 NFT 或许可以改变这个状况。

音乐人可以把自己的作品制作成 NFT 发行，将其直接卖给粉丝。这样就不用让很多机构参与进来，避免了音乐平台或经纪公司抽取高额的分成，从而保证音乐人获取更多的利润。

音乐人想要从流媒体平台上拿到钱，往往要经历漫长的审核、发放过程。音乐 NFT 能大大减少音乐人的等待时间，比如音乐 NFT 平台 Rocki 正努力做到日结，尽可能实时支付音乐人的版税。除此之外，音乐创作者也可以选择从音乐 NFT 的二次销售中获得收益，即每一次 NFT 在二级市场中销售时，他都能拿到一定的提成。

美国著名摇滚乐队 Linkin Park 的成员 Mike Shinoda 在 2021 年 2 月发行了他的 NFT——One Hundredth Stream。这个 NFT 包含了一张动图与他创作的音乐，最终他赚到了 10 000 美元。后来，他还特意发布了一条推特消息（如图 4-6 所示），“如果把歌曲的完整版上传到流媒体平台上，在去除了平台方、唱片公司和营销费用后，他根本不可能拿到 10 000 美元那么多”。

图 4-6

音乐 NFT 平台

目前，市面上有 50 多个音乐 NFT 平台。经过一番研究，笔者挑选出几个比较有特点的平台分享给大家。

1）Royal

尽管 2021 年 5 月才成立，但 Royal 在短短的半年之内，先后收到了来自著名机构 a16z、Coinbase，以及知名歌手 Nas、The Chainsmokers 的注资。Royal 的创始人正是上文提到的，发行了全球首张音乐 NFT 专辑，并在一天内赚了 1170 万美元的著名音乐人 3LAU。音乐 NFT 平台 Royal 的网页如图 4-7 所示。

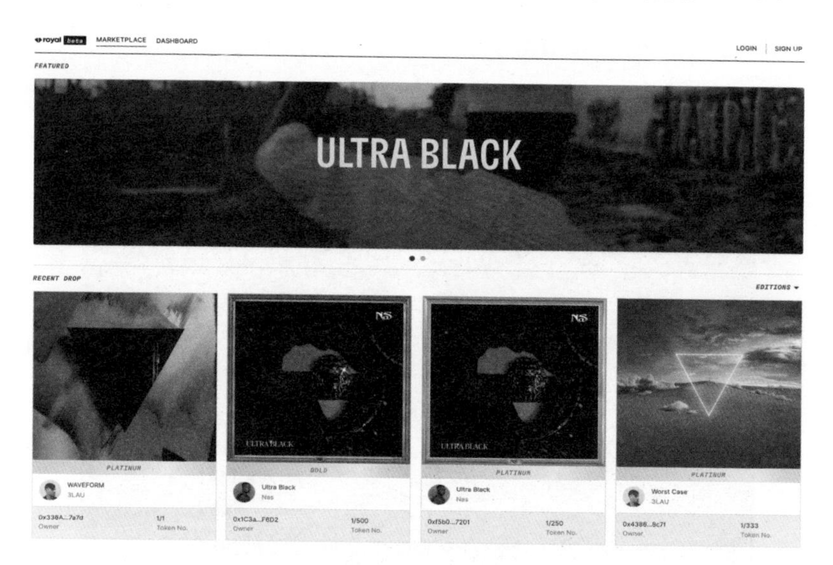

图 4-7

值得一提的是，用户不仅可以购买音乐 NFT，还可以进行投资。比如，你可以在 Royal 上购买作品一部分的版权，当作品发售后，你就可以获得作品的版税分成。

2）Rocki

Rocki 是基于 BSC（一个区块链网络）的音乐 NFT 平台，网页如图 4-8 所示。它在 2020 年 9 月推出了第一个内测版本，随后在 2021 年 4 月正式上线。Rocki 的官网上显示它是世界上最大的音乐 NFT 平台。Rocki 允许音乐人将铸造的音乐 NFT 以拍卖的方式卖给出价最高的人。用户能在平台上通过转售获得收益，可以把已经购买的 NFT 以更高的价格重新上架。据 Rocki 的 CEO（首席执行官）Bjorn

Niclas 介绍，Rocki 正试着开放信用卡支付功能，让更多加密圈外的音乐爱好者也可以来体验。

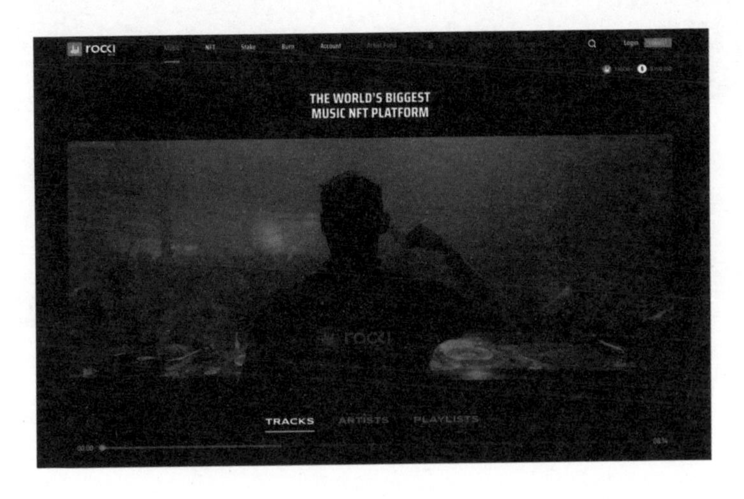

图 4-8

3）OneOf

OneOf 是基于 Tezos 区块链的音乐 NFT 平台，网页如图 4-9 所示。格莱美音乐奖得主 John Legend 已经入驻该平台。OneOf 更想吸引普通的音乐听众来使用该平台，而不希望沦为炒作的平台，为此一直在优化用户体验。用户可以选择用法定货币购买 NFT 而且有的 NFT 真的很便宜。笔者在该平台上发现，有一些 NFT 的价格甚至还不到 10 美元。

图 4-9

音乐 NFT 的未来

在 NFT 正经历爆发式增长的当下，越来越多的普通人和资本都参与了进来。音乐 NFT 作为 NFT 的一个重要分支，不仅能给音乐人带来更多的收益，还可能颠覆现在音乐市场的商业模式。各大音乐 NFT 平台还在做积极的尝试，笔者也期待它们能给行业带来更多的创新。

每个人都能在 15 分钟内出名——素人自拍 NFT

图 4-10 为 Ghozali Everyday 的照片 NFT。

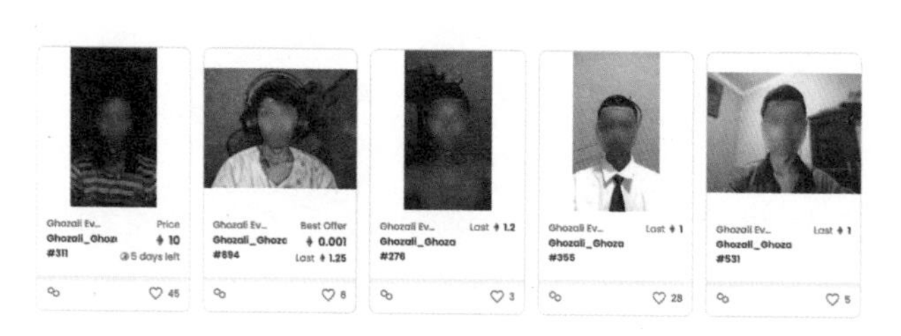

图 4-10

这些看上去平淡无奇的自拍照，你觉得值多少钱？照片中的印度尼西亚小哥看上去两眼空洞无神，像这样坐在电脑前完成的自拍，他坚持了三年，一共拍摄了 900 多张。2022 年 1 月，他将这些照片制作成 NFT 发布在 OpenSea 网站上进行售卖。这个系列的 NFT 叫 Ghozali Everyday，上线后在圈内轰动一时，两天内就全部卖光，当时地板价格一度达到 0.93ETH（相当于 3000 多美元），4 天内他就赚了将近 100 万美元。

图 4-11 为自拍系列 Ghozali Everyday 的 NFT。

图 4-11

一夜之间，他就成了圈内“红人”。大家都在感慨，这个世界越来越让人看不懂了，发自拍照都能赚这么多钱。

在此之前，能引起这么大轰动的 NFT 作品往往都与名人或者大的品牌方有密切的关系。但这一次，一个没有任何影响力的素人发行的 NFT 带来了这么大的热度，可以说是前所未有的。

这个印度尼西亚小哥发行 NFT 的事大家还没有完全想明白。紧接着，一位叫 Irenezhao 的新加坡 KOL 又引领了一次自拍 NFT 的风潮。她把自拍照做成了 NFT，最开始这些 NFT 是免费发放的，在项目上线两天后，这个系列的 NFT 在市场上价格飙升，当时最便宜的也能卖到将近 1 万美元。

图 4-12 为 Irenezhao 的照片系列 NFT。

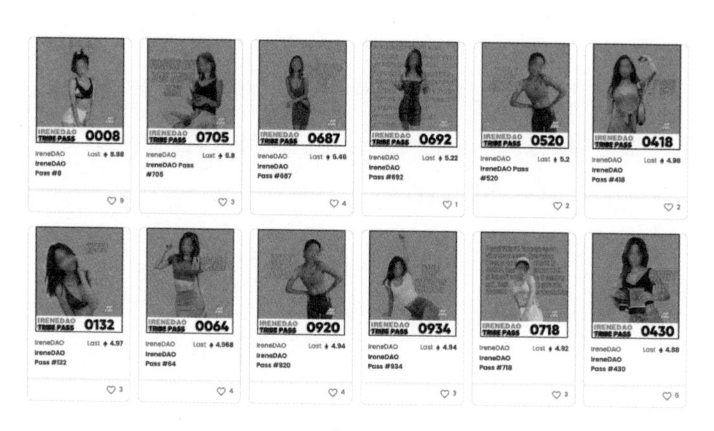

图 4-12

严格来说，Irenezhao 并不算素人，毕竟她的 Instagram 账户有 39 万个粉丝。从印度尼西亚素人到新加坡“网红”，我们发现非专业人士在 NFT 圈子赚钱的门槛其实越来越高了。对于自拍这个分类来说，一开始印度尼西亚小哥不是很好看的无表情自拍都可以红，但是慢慢地，就需要创作者自带流量，或者照片具有较强的话题性才能产生更大的影响力。

现阶段 NFT 的爆火和抖音刚刚流行的那段时期十分相像，当时的抖音有很多博主，虽然只是发布一些看上去比较接地气的视频，但是效果非常好，动辄会有几十万、上百万次点赞，那些博主靠这些内容就成了“网红”。

我们仔细想一想，那位印度尼西亚小哥在电脑前每天自拍，坚持拍三年，并不是每个人都有这样的毅力。时代变幻、风云未定之际，是素人实现财富增长的最好时机。20 世纪艺术界最有想法的波普艺术先锋领袖安迪 • 沃霍尔（Andy Warhol）有一句名言，“在未来，每个人都能成名 15 分钟，每个人都能在 15 分钟内出名”。随着 Web3.0 时代的到来，将会有更多的素人迎来自己的高光时刻，但是机会永远只会留给有准备的人、能坚持的人，以及在遇到新鲜事物时不嫌麻烦、不犯懒、愿意去学习的人。

体育

拥有自己主队的最难忘的那一瞬间并且永久收藏，这是所有球迷一直渴望却迟迟无法实现的梦想。现在，我们有了 NFT，这让球迷们的梦想逐渐成为现实。

NFT 在体育行业早已不是新鲜事物了，2021 年上半年 *NBA Top Shot* 的蹿红让很多体育圈的人了解到了 NFT。在东京奥林匹克运动会（奥运会）上，英国代表队推出了 NFT 商店，用户可以购买英国队在比赛中的经典时刻。NBA 历史三分王库里花 18 万美元买了一个无聊猴头像的新闻，一时间火遍了全网，甚至在推特上引领了购买猴子头像的风潮。

2021 年，NFT 的浪潮席卷了体育圈，遭受疫情影响的体育圈反应十分迅速，立刻拥抱了这个可能让体育市场重焕生机的新兴事物。

NBA Top Shot

很多人都集过球星卡，*NBA Top Shot* 就是一款球星卡游戏，只不过与传统球星卡游戏不同的地方在于，*NBA Top Shot* 是一款在区块链上的游戏，每一张球星卡都是一个 NFT。

球星卡以视频的形式记录了球员的“名场面”，比如暴扣、绝杀、超远三分、盖帽、巧妙助攻等。球星卡的定价由球星的知名度、画面的精彩程度、比赛的重要性等因素决定。球星卡也会根据球星、画面分为三个级别，分别是 Common（普通）、Rare（稀有）与 Legendary（传奇）。用户在平台上可以自由购买、出售球星卡。

图 4-13 为 *NBA Top Shot* 的网页。

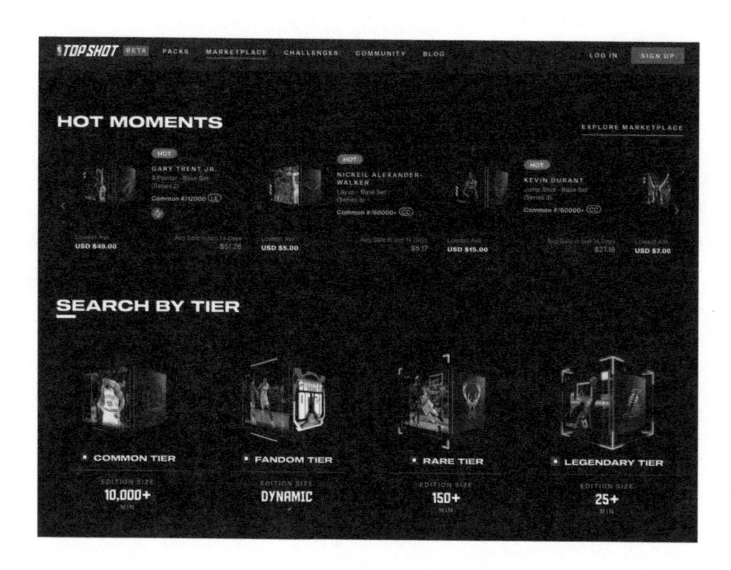

图 4-13

当然，这些球星卡都得到了 NBA 官方的授权。事实上，这款游戏就是 NBA 和 Dapper Labs 合作，在 Dapper Labs 的公链 Flow 上推出的。Dapper Labs 正是经典区块链游戏 *CryptoKitties* 的开发者。*CryptoKitties* 的形象如图 4-14 所示。

图 4-14

2020 年 8 月，*NBA Top Shot* 推出内测版，游戏上线后异常火爆，一年不到交易额就超过了 7 亿美元。

Sorare

在足球领域也有一款与 *NBA Top Shot* 类似的游戏——*Sorare*。*Sorare* 是基于以太坊的区块链游戏，玩家可以根据自己的喜好，通过购买球员 NFT 卡牌来组建自己的球队，参加线上的虚拟比赛，比赛将结合球员卡代表的球员与真实球员的表现最终给出评分。玩家可以购买、出售球员 NFT 卡牌，可以通过出售 NFT 赚钱。球员 NFT 卡牌如图 4-15 所示。

图 4-15

获得俱乐部和赛事的官方授权一直困扰着各个足球游戏制作商，有的游戏拥有很好的内容，但苦于没有某些联赛的版权，只好用假的队标、队名，甚至有的球员没有真实的脸，这让玩家们很难接受。*Sorare* 和众多知名俱乐部都达成了合作，从英超（英格兰足球超级联赛）的利物浦、西甲（西班牙足球甲级联赛）的皇家马德里到德甲（德国足球甲级联赛）的拜仁慕尼黑等，目前有 200 多家俱乐部入驻了 *Sorare*。

梅西（Messiverse）

2021 年夏天，梅西宣布将离开自己待了 21 年的巴塞罗那俱乐部。这个消息引起了巨大的轰动，昔日的诺坎普“国王”突然告别，没人知道他的下一站是哪里。在离开巴塞罗那俱乐部后，梅西没有急着宣布自己的下家，而是开始了一段加密世界的旅程，发行了自己的个人 NFT。

梅西这个系列的 NFT 名叫“The Messiverse”，发行在 Ethernity

平台上。该 NFT 一共有 4 款，分别是“Man From Tomorrow/Man of The Past”“The King Piece”“The Golden One”“The Magician”。图 4-16 为部分梅西 NFT 的形象。

图 4-16

这个 NFT 系列的设计师 Bosslogic 是一名澳大利亚的艺术家，他是漫威的狂热粉丝，曾与漫威合作，创作了电影《复仇者联盟 4：终局之战》的海报。能够设计这个时代最伟大的球员之一梅西的 NFT，Bosslogic 感到十分激动。他在官方的新闻稿中说，很荣幸能为偶像创作这些作品，并且和梅西的第一个 NFT 系列一起载入史册。

奥尼尔

篮球界的明星总是走在时尚的前沿，他们对一切好玩的新兴事物都充满激情，响应速度极快，肯定不会忽略在 2021 年爆火的 NFT。传奇球星沙奎尔·奥尼尔（Shaquille O'Neal）就亲身体验了一把。2021 年 10 月，奥尼尔发行了自己的个人 NFT。

与梅西一样，他的 NFT 也发行在 Ethernity 平台上。这个系列的 NFT 一共有 5 款，价格从 50 美元到 20 000 美元不等（如图 4-17 所示），5 款中有一款以竞拍的形式进行售卖，且全球限量一个，其余 4 款定价销售，先到先得。

Shaquille O' Neal: Peak Dominance
限量1份 起拍价$20,000

Shaquille O' Neal: Original Destruction
限量32份 发行价$10,000

Shaquille O' Neal: Champion IV
限量100份 发行价$3500

Shaquille O' Neal: Legend Certified
限量2500份 发行价：$350

Shaquille O' Neal: With Authority
不限量 发行价$50

图 4-17

从 50 美元不限量的基础款到 20 000 美元起拍的特别款，为什么这几款 NFT 可以有巨大的价格差异呢？其实这就体现了 NFT 的一个特点，即 NFT 背后绑定的权益将会影响 NFT 的价格与价值。在该系列的 NFT 中，成功拍下限量一个的 Shaquille O'Neal: Peak Dominance，将获得与奥尼尔共进一次晚餐的机会，以及一件奥尼尔亲笔签名的洛杉矶湖人队球衣。其余几款定价出售的 NFT 则绑定了一定的中奖名额，这些名额借助 Chainlink 预言机从购买者中随机选出——Shaquille O'Neal: Original Destruction 的购买者中有两位将分别获得由著名运动鞋设计师 Sekure-D 设计的运动鞋和奥尼尔亲笔签名的奥兰多魔术队球衣；Shaquille O'Neal: Champion IV 的购买者中有一位将获得奥尼尔亲笔签名的迈阿密热火队球衣；Shaquille O'Neal: Legend Certified 的购买者中有一位将获得奥尼尔亲笔签名的洛杉矶湖人队球衣；Shaquille O'Neal: With Authority 的购买者中有两位将分别获得奥尼尔亲笔签名的奥兰多魔术队球衣、Shaq's Fun House 活动的权益及与奥尼尔本人见面打招呼的机会。

这种绑定权益的 NFT 面临着一个问题，如果 NFT 的持有者已经兑换并使用了这个权益，那么这个 NFT 的价格和价值很可能大幅缩减。比如，你拍到那款全球限量一个的 NFT，然后与奥尼尔吃了一顿晚餐，再想把这个 NFT 卖出去是不是就十分困难了呢？同时，这种明星发行的 NFT 还有一些问题，假设明星突然发生了意外，或者外界出现了一些不可控的因素，导致绑定的权益一时间无法兑换，这在很大程度上也会影响这个 NFT 的价值和价格。比如，明星因为身体原因无法赴约，或者因为疫情突然爆发导致你们无法见面，那么你手中的 NFT 的价格大概率会产生波动。

此外，明星发行的 NFT 往往不是自己制作和发行的，通常会选择与第三方机构合作，最坏的一种情况就是第三方机构跑路，明星也不认账，那用户买的 NFT 最后就真的只是一张图片或者一段视频了。

奥尼尔希望通过发行这个系列的 NFT 进入加密世界。他在 Cointelegraph 的采访中说："NFT 可以让人们更好地了解加密技术，我自己就是这么做的。"他还说，如果想要理解加密圈，最好能够在圈子里亲身体验，用实践操作提升认知。

奥运会

2021 年夏天，人们终于等来了这场本该在一年前就举办的体育盛会。因为疫情的原因，2020 年东京奥运会延期一年，并且不得不空场举办。虽然体育迷只能在电视前收看比赛，但是国际奥林匹克委员会（国际奥委会，IOC）和英国代表队的一些创新举动，让他们有了新的方式可以参与其中。

在东京奥运会举办前夕，英国代表队与 NFT 服务商 Tokns 达成合作，联合推出 NFT 商城。英国代表队将把东京奥运会上的一些经典时刻做成 NFT 进行售卖。有的 NFT 用来记录运动员获得的奖牌，比如劳拉・肯尼（Laura Kenny）和凯蒂・阿奇博尔德（Katie Archibald）获得的场地自行车冠军的纪念 NFT，如图 4-18 所示。

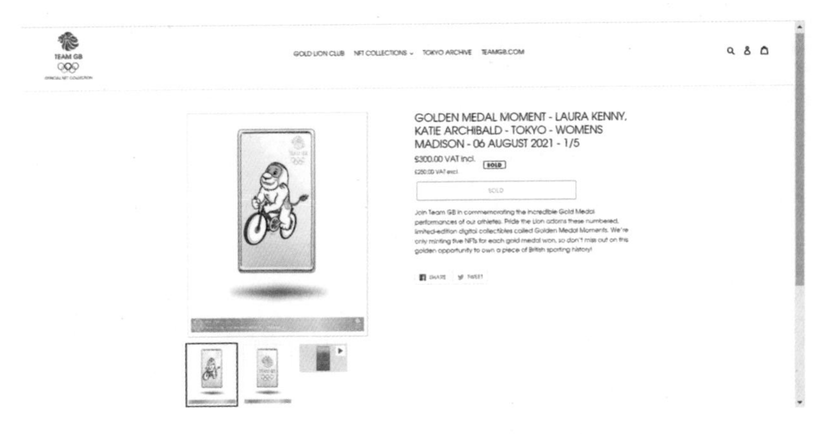

图 4-18

这些 NFT 可以用法定货币购买，价格不便宜。邓肯·斯科特（Duncan Scott）是东京奥运会男子 200 米自由泳银牌得主，他的银牌 NFT 的售价为 900 英镑/个，约相当于 7600 元/个，如图 4-19 所示。

图 4-19

除了英国代表队，国际奥委会也一直尝试把 NFT 和体育结合起来。2021 年 6 月，国际奥委会和 nWay 联合推出 NFT 奥运徽章。NFT 奥运徽章是奥运徽章的数字版本，用户可以在 nWayPlay 的网站上购买。它们推出的第一套 NFT 是传承系列的，主题是历届奥运会的艺术、设计，包括各届奥运会的吉祥物、徽章、海报等。

奥沙利文

不管是篮球、足球，还是奥运会，NFT 在体育界出现得越来越频繁，影响力在不断扩大，NFT 这把火也终于烧到了台球界。2021 年 10 月，台球领域的第一款 NFT 正式上线了。斯诺克传奇球星，绰号“火箭”的罗尼·奥沙利文（Ronnie O'Sullivan）推出了他的个人 NFT。这个系列的 NFT 由中国体育 App 和 Conflux 联合推出，名为“奥沙利文传奇之路——大师赛系列数字藏品”，如图 4-20 所示。

图 4-20

这个系列的 NFT 分为普通卡、传说卡、珍藏卡三种卡牌，共计 37 款，卡牌以卡包形式分 10 期发放，共发行 15 680 个卡包。这些 NFT 记录了奥沙利文在参加过的 7 个大师赛上的精彩表现，带领大家重温那些经典场面。

体育 NFT 的未来

咨询业巨头德勤预测，2022 年与体育相关的 NFT 交易额将超过 20 亿美元，大约是 2021 年交易额的两倍。体育界开始尝试 NFT 的各种玩法，从赛事主办方到体育俱乐部再到运动员，大家都认识到 NFT 会给他们所在的行业带来更多的可能性。虽然疫情的阴霾还没有完全扫除，体育迷可能早已受够了只能在屏幕前看比赛的无聊的日子，迫不及待地想要以更多的好玩的方式参与到赛事中，与他们心爱的球队、球员互动。希望 NFT 的热潮可以让体育界重塑昨日的辉煌，再次燃起体育迷们的热情。

品牌、企业纪念类

阿迪达斯

2021 年 11 月底，adidas Originals 官方的推特账户换上了与库里的推特账户头像相同系列的无聊猴头像，如图 4-21 所示。这个头像有点不一般，头像里的猴子穿上了 adidas Originals 定制的运动服，如图 4-22 所示。12 月，adidas Originals 便发行了自己的 NFT 项目 “Into the Metaverse”，一共发行了 30 000 个 NFT，每个售价为 0.02

ETH，上线之后便迅速售罄。

图 4-21

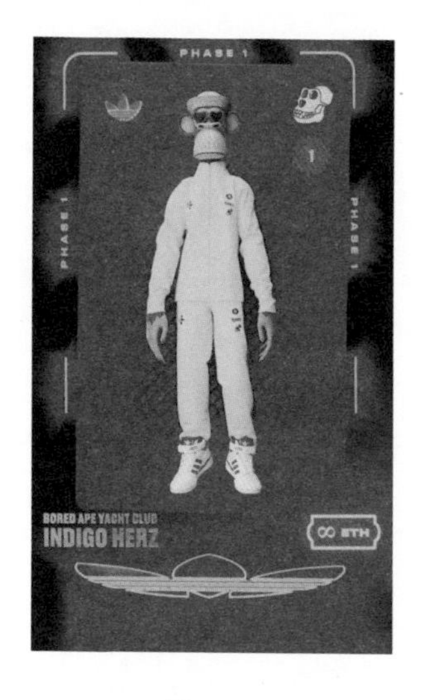

图 4-22

用户在购买了这个 NFT 后，才有资格购买 adidas Originals 的一些特制的衣服，比如推特账户头像里这只猴子穿的同款外套。不过，这些衣服不是立刻就能生产出来的，用户需要等到 2022 年才可以购买，所以用户相当于通过购买 NFT，参与了实体衣服的预售。

adidas Originals 是阿迪达斯集团的一个经典系列，大家一般称之为三叶草。像这样的全球顶尖的运动品牌，为什么要这么积极地参与到 NFT 这股热潮中？难道只是为了蹭 NFT 的热度吗？

其实不然，阿迪达斯真正希望的是获得 Web3.0 和 NFT 玩家的好感。可能很多人都想问，取悦这部分玩家这么重要吗？在回答这个问题之前，我们不妨想一下，NFT 圈子的玩家究竟是一些什么人？首先，他们都是高净值用户，消费能力强。其次，他们的付费意愿强烈。现在大多数 NFT 项目都是建立在以太坊上的，以太坊的 gas 是非常高的，一次简单的交互操作，可能就要花几百元，那些经常购买 NFT 的玩家，一定已经习惯了高消费的生活方式。同时，这部分人要么年纪很小，要么年纪稍微大一点儿但思想很开放。所以，NFT 玩家的画像决定了他们一定是阿迪达斯在市场中不可或缺的一部分。这么看就不难理解为什么 adidas Originals 这么努力地参与到 NFT 行业中了。

耐克

同样作为全球著名的运动品牌，耐克（Nike）参与 NFT 的方式与 adidas Originals 不太一样。它选择以收购的方式进军 NFT。

2021 年 2 月，RTFKT 做的数字球鞋，在 7 分钟内卖了大约 2000 万元，在当时震惊了整个潮牌圈。

2021 年 12 月，数字潮牌 RTFKT 在推特上宣布，已经被耐克收购了，如图 4-23 所示。RTFKT 主要利用 NFT、Web3.0、VR 技术制作数字商品，包括虚拟人穿的衣服、鞋，以及拿的包等物品，它们让虚拟世界和现实的奢华时尚界连接了起来。

从这件事情中可以看出，耐克非常看好未来数字商品消费市场的前景。除了阿迪达斯、耐克以外的一线垂类品牌，一定会大举进军 NFT。因为目前，NFT 代表的就是时尚，就是潮流。这与这些品牌想要打造的市场形象，以及满足年轻人的诉求是高度契合的。

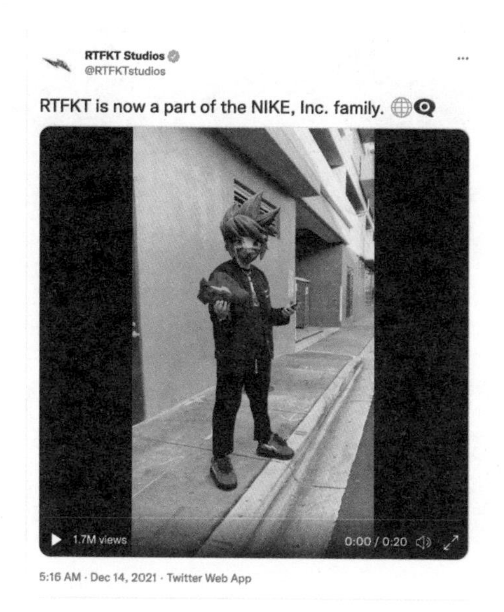

图 4-23

奈雪的茶

被誉为“全球茶饮第一股”的奈雪的茶，在 2021 年 12 月 7 日发行了 NFT，宣布要“进军元宇宙”。限量 300 个的 NFT 上线一秒即售罄，它的 NFT 以线上盲盒的形式发售，包含隐藏款在内共 7 款，单价为 59 元。

奈雪的茶的一部分 NFT 形象如图 4-24 所示。

图 4-24

新华社

2021 年 12 月 24 日，新华社发行了中国首套新闻数字藏品。新华社精选了 2021 年的新闻摄影报道，做成了图片 NFT。这些 NFT 记录了 2021 年非常重要的时刻和难忘的瞬间，比如建党 100 周年、杨倩获得了东京奥运会的首金、三星堆出土的金面具等，一共有 11 张图片，每张发行 10 000 个 NFT，都以免费的形式发放。新华社发行的新闻数字藏品如图 4-25 所示。

图 4-25

它的 NFT 计划于 24 日晚上 8 点在新华社 App 上发行，结果一上线就遭到大家疯抢，因为参与人数过多导致服务器过载，App 页面没有办法正常显示。当晚，11 万个 NFT 全都被领走了。

其他

其实对 NFT 的分类没有统一的标准，每个研究机构的分类都不完全相同。本书只是对市场上讨论热度较高的类别进行举例，其他种类还有加密艺术、虚拟地产、域名等。此处不再赘述。

NFT 的未来

作为资产

虽然有众多争议，但现实就是 NFT 越来越被看作一种资产。

2022 年 1 月，推特推出了 NFT 认证服务。推特用户可以绑定他们的 Web3.0 账户（以太坊钱包地址），并且将持有的 NFT 设置为自己的推特账户的头像。普通的推特账户的头像是圆形的，而经过认证的 NFT 头像是六边形的。美国著名科技媒体的高级编辑 Tom Warren 的 NFT 头像如图 4-26 所示。

虽然推特的 CEO 此前表示不看好 Web3.0，但是推特确实正在做着一些“讨好”Web3.0 用户的尝试。推特的力量不容小觑，消息一公布马上催生了一个新的产业，就是 NFT 的租赁业务。毕竟与 Web2.0

用户的体量相比，Web3.0 用户基数还太少，而持有 NFT 头像的人则少之又少。于是那些想要在第一时间换上与众不同的六边形头像但又没有 NFT 的推特用户只能选择高价购买 NFT，或者去市场上租赁别人的 NFT 当头像。

图 4-26

Rentable 是一个新兴的 NFT 资产租赁协议，在本书出版时还没有上线正式产品，仅发布了测试版本，如图 4-27 所示。持有 NFT 的人可以在租赁平台上出售 NFT 获得收益，有使用 NFT 头像需求的人则可以付费租用。租赁平台的诞生无疑增加了 NFT 的流动性，并再次确认了 NFT 作为一种新型资产的经济地位。

图 4-27

一种身份标签

除了商品和资产属性，NFT 也越来越被认为是一种身份标签。持有某种 NFT 被认为是属于某个圈层的象征，这也是为什么很多 Web3.0 玩家愿意把自己持有的 NFT 作为头像的原因。Web2.0 用户在对以上象征意义不了解的情况下，经常会从网上下载一个 NFT 图片作为头像，仅仅为了表达自己对这个头像的喜爱，其行为基于 Web2.0 逻辑来说无可厚非，但这种操作在 Web3.0 玩家眼里则显得非常业余。由于 NFT 头像通常限量，活跃的社区成员往往能认出某个头像属于谁，而盗用则被认为是“非常不 Web3.0”的行为。

对于这一点在第 8 章中会进行更详细的阐述。

05

第 5 章

Web3.0 的具象表现形式——元宇宙

许多人会对元宇宙下这样的定义："元宇宙是一个平行于现实世界的在线虚拟世界，是越来越真实的数字虚拟世界。"事实上，元宇宙本质上是社会形态和文明的一种演变。

什么是元宇宙

Metaverse（元宇宙）= Meta + Universe，多数人将 Meta 翻译为"超越"，所以 Metaverse 是超越现实世界的存在。

元宇宙的诞生

预言之书

1992 年，美国著名的科幻小说家 Neal Stephenson（尼奥·斯蒂芬森）在《雪崩》（*Snow Crash*）这部小说（如图 5-1 所示）中首次提出了"元宇宙"一词。

图 5-1

在书中，作者勾画出了一幅他想象中的未来元宇宙图景，包括对未来的政治、经济、各类行业组织及个体生活的畅想。

在作者畅想的未来中，快递行业成了现实生活中致富的主流行业，男主角 Hiro 就是其中一员。在一次送外卖途中，一场交通意外让 Hiro 失去了交通工具，为了筹钱买车，他进入了元宇宙的世界寻找出路，但不经意间发现了病毒“雪崩”的恶意行径，随即展开了阻止病毒传播的行动。

因为这本书中的各种科技设定（例如，私人 AI 助手、元宇宙的设想等）在当今的世界中逐步实现，所以它被称为预言之书。

资本入场

2021 年被称为“元宇宙元年”。“元宇宙”概念的火热，与资本巨头的不断入场有很大的关系。表 5-1 列举了 2021 年元宇宙领域重要的投融资事件。

表 5-1

时间	事件
2021/3/9	成立于 2016 年的美国 VR 社交游戏平台 *Rec Room* 完成 1 亿美元的新一轮融资。其估值已达 12.5 亿美元
2021/3/10	“元宇宙第一股” Roblox 在纽约证券交易所上市，第一天上市的市值就达到了 380 亿美元
2021/3/11	成立于 2016 年的中国移动沙盒平台 MetaApp 宣布完成了 1 亿美元 C 轮融资，由海纳亚洲创投基金（SIG）领投，云九资本、创世伙伴资本（CCV）跟投
2021/4/13	Epic Games 融资了 10 亿美元用于构建元宇宙，其中包括索尼 2 亿美元的战略投资，公司估值达到 287 亿美元
2021/4/20	“中国版 Roblox” 游戏引擎研发商 “代码乾坤” 获得了字节跳动近 1 亿元的战略领投
2021/5/28	全栈云游戏计算服务商海马云（北京海誉动想科技股份有限公司）完成了 2.8 亿元新一轮融资，由中国移动咪咕公司及优刻得科技股份有限公司联投
2021/8/20	微软 CEO 萨提亚·纳德拉在微软全球合作伙伴大会上宣布企业元宇宙解决方案
2021/8/29	字节跳动用 90 亿元收购了 VR 创业公司 Pico（小鸟看看），布局硬件入口
2021/9	9 月以来，申请注册元宇宙商标的公司已经多达 130 家，如腾讯的 “王者元宇宙” “天美元宇宙” “逆战元宇宙” “腾讯音乐元宇宙” 等
2021/10/29	Facebook 首席执行官马克·扎克伯格宣布公司改名为 Meta，并宣布投资 150 亿美元扶持元宇宙内容创作，彻底引爆元宇宙
2021/11/2	微软推出了两款新产品发展元宇宙，分别是 Dynamics 365 Connected Spaces、Meth for Teams；解决方案计划于 2022 年开始推出

续表

时间	事件
2021/11/9	英伟达在 GTC 2021 大会上，宣布将产品路线升级为“GPU+CPU+DPU”的“三芯”战略，并将 Omniverse 平台定位为“工程师的元宇宙”
2021/11/10	Unity 用 16 亿美元收购特效公司 Weta Digitao（曾为《指环王》《阿凡达》制作特效），完善元宇宙布局
2021/11/16	网易 CEO 丁磊表示，网易已经做好元宇宙的技术与规划准备，已有沉浸式活动系统“瑶台”、AI 虚拟人主播、星球区块链等元宇宙概念产品落地
2021/12/9	Meta 宣布，旗下的 VR 社交平台“Horizon Worlds”正式向美国和加拿大的 18 岁以上人群开放
2021/12/27	百度于 12 月 27 日发布元宇宙产品“希壤”，百度 Create 2021（百度 AI 开发者大会）在希壤平台举办。这是国内首次在元宇宙中举办的大会，可以容纳 10 万人同屏互动

从表 5-1 中可见，2021 年以后，全球资本在元宇宙领域的布局呈现出了加大、加快的趋势。

表 5-2 为 2021 年和 2022 年年初地方政府对“元宇宙”的布局。

表 5-2

时间	事件
2021/11/12	浙江省经济和信息化厅组织召开“元宇宙”产业发展座谈会，来自政府、学术界和省内“元宇宙”相关企业的代表出席了会议
2021/11/17	上海市经济和信息化委员会副主任张英出席“元宇宙”发展专家研讨会，研讨会对元宇宙发展现状、应用场景、生态建设、安全伦理、关键技术和未来前景等进行了形势分析和专业研讨

续表

时间	事件
2021/12/21	上海市委经济工作会议指出，要引导企业加紧研究未来虚拟世界与现实社会相交互的重要平台，适时布局切入
2021/12/24	上海市经济和信息化委员会印发的《上海市电子信息产业发展“十四五”规划》中指出，前瞻部署量子计算、第三代半导体、6G 通信和元宇宙等领域，并鼓励元宇宙在公共服务、商务办公、社交娱乐、工业制造、安全生产、电子游戏等领域的应用
2022/1/1	在“2022 太湖湾科创带滨湖创新大会”上，无锡市滨湖区发布了《太湖湾科创带引领区元宇宙生态产业发展规划》，旨在打造国际创新高地和国内元宇宙生态产业示范区
2022/1/7	北京市科学技术委员会党组书记、主任许强在“市民对话一把手”访谈中指出，未来，针对 6G、脑机接口，包括最近大热的元宇宙等领域，北京都会陆续展开布局
2022/1/11	武汉召开第十五届人民代表大会第一次会议。武汉市市长程用文在政府工作报告中表示，推动元宇宙、区块链、量子科技等与实体经济融合

一次次大规模的资金投入吸引了外界的目光，而《黑客帝国》《头号玩家》《失控玩家》等影视作品，以及《我的世界》《模拟人生》等游戏作品也为大众提供了充分想象的空间。一时间，关于元宇宙的讨论滔滔不绝，元宇宙瞬间成了新的流量密码、财富密码，吸引了越来越多的企业、媒体加入其中。如表 5-2 所示，一些地方政府已经开始针对“元宇宙”推出了相应的政策，在多地的地方两会中，“元宇宙”频频作为讨论对象。

关于元宇宙的“Yes”和“No”

元宇宙≠游戏

有些人把元宇宙等同于游戏，这可能是因为它们两者都表现为一个线上的虚拟空间。其实两者的区别很大。

首先，游戏的功能更局限于娱乐，最多加持社交，而元宇宙则除了娱乐和社交之外可以支持办公、消费等场景。比如，2021 年年底，微软发布了一个元宇宙办公产品 Mesh For Teams。比尔·盖茨预测，未来三年内的大多数办公会议都将在元宇宙里举行。

另外，游戏的自由度有限，通常是跟着官方设定的资料片走，而元宇宙则拥有更大的玩家自由度。这个自由度不仅是指游戏内行为的自由度，还包括账户资产处置的自由度。我们现在玩虚拟游戏时，可能经常会遇到装备很好的大号被封号而无法申诉等事件，或者多年未登录的游戏账户被平台直接删号了。在元宇宙的世界中，数据是存储在区块链上的，没有中心化的机构拥有操作你的数据的权力，你对你在游戏中的所有资产都享有完全的所有权。

大多数用户在游戏中只能作为消费者，价值是从用户到游戏公司单向流动的。虽然有一些游戏工作室可以利用游戏赚钱，但是相对处于灰色地带，往往并不被游戏公司支持，而元宇宙从一开始就内嵌了经济系统，每个用户在元宇宙里都可以有多重角色，一切行为都会被赋予经济价值，除了付费，用户也可以通过社交、生产、交易等行为获得收益。

资产权益是底层逻辑

你认为什么是好的元宇宙？《头号玩家》中精美、逼真的场景建造？身临其境的感官塑造？这些或许是元宇宙需要具备的条件，但都不是重点。真正的元宇宙如前文所说，其底层逻辑是有效的经济体系的嵌入，即玩家在元宇宙中可以产生真实存在的价值。如果缺少了价值机制的建设，那么再精美的场景搭建、再完美的感官感受都做不成元宇宙。

很多人说目前元宇宙项目的建模水平太差。我们要承认，精致的三维模型可以在短时间内吸引用户，但并不是在虚拟世界中再造一个仿真场景就做成元宇宙了。比如，在真实世界中，运输船在河上运货可以获得利润，但是在元宇宙中造一艘船有什么用？可以获得收益吗？在真实世界中，大楼是可以用来出租的，会产生租金收益，但是在元宇宙中盖一幢宏伟的大楼有什么用？

这些三维模型做得再精美也只能摆在那里给人看，不会产生相关经济活动，那么就没有实际意义。如果在所谓的“元宇宙”中，用户还是消费者的角色，并且给平台贡献数据让平台获得广告收入，那么这最多只能算一个虚拟世界，与真正的元宇宙还差得很远。

元宇宙的核心价值观

现在的互联网有数据垄断、隐私泄露等问题，人们意识到数据霸权会带来很严重的问题，而 Web3.0 是对数据霸权的反对。智能合约可以构建新型的治理方式，可以让人们在世界范围内达成合作（DAO），共创、共享、共治是元宇宙的核心价值观。

人的另一种存在方式

如果你还有机会进入元宇宙的世界中，那么希望在元宇宙的世界中做什么呢？

你可以定制自己的形象，包括身高、体型、样貌，甚至在元宇宙中，你不需要以一个人类的方式存在。

很多人会以为元宇宙是人的另一种存在方式，与现实世界是平行割裂的。还有人说，元宇宙是建立在 VR 眼镜上的互联网。之所以这样，是因为我们已经被塑造了这样的世界观和价值观。现有的文化产品（包括小说、电影），都给我们想象元宇宙提供了丰富的素材。其实不然，笔者认为，真正的元宇宙应该是与现实世界联通的，你在元宇宙中享有的权利、资产，在现实世界中也有相应的映射，否则不能称之为元宇宙，只能算作一场游戏罢了。元宇宙的世界可以是任何样子的，你可以充分发挥想象力，创建一个理想中的世界。

有人可能会问，吃喝拉撒睡怎么在元宇宙里解决？吃饭这样的行为可以在现实世界中完成，那么在元宇宙中也可以产生相应的记录，甚至如果有类似吃饭 DAO 的俱乐部，你的吃饭行为也可以在链上产生收益。因此这里所说的映射并不是完全的物理映射，而是一种关联。可参见第 6 章讲述的 City DAO，当用户在链上拥有了 City DAO 发布的 16 平方米地块的 NFT 时，相应地，在现实世界中也确实拥有这样一块地。

元宇宙的技术基础

现在我们已经知道了什么是元宇宙，那么距离真正的元宇宙到来还有多久呢？有些人认为距离真正的元宇宙还很远，现在的讨论都是痴人说梦，毫无依据。事实上，与元宇宙相关的技术产业已经发展很久了，正是这些技术的不断发展、融合，才让我们有了畅想未来的依据。这就像在移动互联网诞生前，许多人都无法相信人们可以通过移动设备访问各种各样的 App。事实证明，一个新时代的到来，往往少不了梦想家和勇敢的实践者。那么要实现上面描述的真实体验，需要哪些技术呢？我们从硬件到软件来具体看一看，目前支撑元宇宙的技术发展到了哪个阶段，以及实现真正的元宇宙还需要突破哪些技术点。

区块链——打通虚实的价值链

首先，我们需要联通我们的资产（包括钱、房产等），让在元宇宙中持有的资产在现实世界中依然属于我们。这就需要成熟的区块链技术作为支撑。

区块链技术保证了价值传输体系。从最初的比特币（去中心化的账本）到以太坊（去中心化的计算平台），从智能合约、DApp、DeFi 到 NFT 都在推动元宇宙演进。区块链技术提供了越来越多的全球化的去中心化工具来保证元宇宙里的数字资产和数字身份的安全，以及这些资产的流动。

感官真实

虚拟现实（VR）

提及元宇宙，很多人最先想到的就是 VR，这是因为 VR 设备是我们认识得最多、很多人都接触过的设备。其实 VR 早在 2018 年就已经非常火热了，2018 年被称为 VR 元年。由于技术的局限性，当时的 VR 存在着很严重的延迟问题，这也是许多人戴 VR 设备会头晕、想吐的原因。因此 VR 只是在 2018 年火了起来，但并未持续火。之前要做 VR 设备的索尼在宣布后由于技术问题裁撤了许多与 VR 相关的部门。

到了 2021 年，元宇宙概念爆火，因为 VR 设备是元宇宙的重要硬件设施之一，所以大量资本开始入场 VR 行业。国内较为著名的是字节跳动收购了 VR 设备公司 Pico。在国外，谷歌、Meta 这些“大厂”也早已布局 VR 行业。2022 年，索尼也宣布要打造一款 VR 头显。一时间，VR 行业又备受瞩目。

在资本和 5G 技术的推动下，现在的 VR 设备在体验上已有了很大的进步。目前，市面上比较火的 Oculus、大鹏等设备已基本能满足较为流畅的体验需求，但要想达到零延迟仍需努力。

同时，也有一些公司在 VR 设备的基础上探索视觉之外的感官体验拓展。例如，2018 年 Feelreal 公司推出产品 Feelreal Sensory Mask。这款产品通过面罩可以让使用者感受到刮风、下雨这些触感体验，以及嗅觉、温度体验。Feelreal 公司力图打造一个覆盖多感官的 VR 设备，但到目前为止，该设备似乎尚未获得较广泛的市场，其研发目前也因疫情暂缓。

总而言之，元宇宙概念的爆火必将推动 VR 行业在使用体验和开发速度上提升，在通信技术的突破下，笔者相信 VR 并不是一个难以突破的技术关卡。

增强现实（AR）

不同于 VR 通过一个头戴设备实现“穿越”，AR 可以基于现实世界创造出全新的图景。有人说，AR 是元宇宙的核心，笔者觉得 AR 只是元宇宙的一种表现形式，只是一种选择。你如果想通过头戴设备体验超乎现实的世界，而不想出门到真实场景中体验，就可以选择 VR；你如果想丢掉头戴设备，轻装上阵，就可以选择 AR。笔者认为，这只是个人喜好上的差异，AR 和 VR 之间可以是相辅相成的，而非竞争的关系。

混合现实（MR）

对于 VR、AR 技术，你或许都听说过，但是 MR 却较少出现在大众视野中。MR（Mixed Reality，混合现实）就是通过对现实进行建模，把现实以 3D 的形式复刻在虚拟世界中，并且可以在虚拟世界中进行交互。对比 AR 来理解，AR 可以让你把一个虚拟世界中的沙发叠加到你家的某个角落，而通过 MR，你可以把你家复刻在虚拟世界中，并可以将他人用 MR 建模的物体放入你在虚拟世界的家中。

味觉真实（VT）

VR 让我们拥有虚拟视觉，让我们可以在元宇宙中达到“眼见即真实”的效果，但是我们在元宇宙中同样也需要吃饭，这就需要通过虚拟设备品尝到食物的味道。

事实上，确实已经有相关研究所在做这个方面的研究。例如，美国缅因大学的 Nimesha Ranasinghe 教授曾在 2017 年发布了其研究成果—— 一个可以通过电流模拟甜味和咸味的杯子。他认为，人们对食物味道的感受是一种化学反应，并发现对温度、电流进行控制可以让人们体会到对应的味道。在此基础上，Nimesha Ranasinghe 也发明出了味觉勺子、模拟鸡尾酒的杯子等产品。同时，他也尝试社交拓展的可能性，即“味觉共享”，通过一个模拟味觉的杯子来收集柠檬水的 pH，并将对应的数据传输给另一个设备，从而实现味觉同步。

2020 年，日本明治大学的宫下芳明教授及其团队也推出了类似的产品，叫 Norimaki Synthesizer（寿司卷合成器）。该产品可以通过连接着电流的凝胶实现对五种基本味觉的模拟，也可以通过同步味觉数据实现远程的味觉共享。

目前，这项技术也可以在 VR 设备中连通使用。不过，这些只是味觉模拟的第一步，毕竟我们在品尝美食的时候，除了对气味的感知，还有对食物质感、口感的感知。随着元宇宙的兴起，未来必定会有更多资本入局味觉模拟器，或许某一天，会有一个更完美的方案，让我们可以在家就品尝到世界各地的美食。

通信技术

通信技术是元宇宙的载体。2019 年 10 月底，5G 技术在我国正式进入了商用阶段。但是发展至今，由于高成本、高耗电量等原因，5G 在应用层面似乎并未得到较好的利用。元宇宙概念的兴起无疑拓展了 5G 的应用场景。前面已经提到，VR 由于延时等技术问题未能得到广泛的推广和应用，要满足 VR 设备的使用者对高刷新率的需求，以及与软件实现更好的联动都需要联网。2021 年，之所以能吸引大量资本入场，除了元宇宙概念爆火之外，通信技术的发展也让资本看到了 VR 再向前发展一步的希望。那么，对现有通信技术进行全面革新的 5G 就是一个关键点。有了更优秀的网络带宽支持，VR 就会拥有更为流畅的交互体验，元宇宙距离真实就更近了一步。

云计算

如果你想在终端设备上感受到流畅、逼真的游戏体验，那么这个游戏所需的存储空间和计算能力一定非常大。在元宇宙中，从平面到立体，再到实时的反馈，最后到庞大复杂的虚拟空间、真实的交互体验、巨量的使用者信息，这些所产生的数据量是巨大的。因此，元宇宙必然离不开云计算技术。例如，著名的元宇宙游戏公司 Epic Games 开发的 *Fortnite*（《堡垒之夜》）在全球拥有 3.5 亿多个用户，其工作负载均在云计算的领航者亚马逊云（AWS）上完成。

AI 辅助

元宇宙的发展一定离不开 AI（人工智能）技术的发展。可以想象，在未来，元宇宙需要处理大量的信息，包括网络安全维护、数据隐私保护、漏洞检验等，就需要大量的 AI 工具对这些工作进行处理。我们要把可以流程化的处理工作交给 AI，借助 AI 的辅助提高人的效率，解放人的生产力，以满足元宇宙平稳运行的需求。

脑机接口

前面已经提到了 VR、AR、MR，这时可能有人会问，要体验元宇宙就一定要戴设备吗？有没有可能丢掉这些五花八门的设备，直接进入元宇宙的世界呢？如果有这种可能，那么一定要用脑机接口。我们对世界的感受通过大脑的神经元来接收，脑机接口的原理就是通过一些传感器，将这些感受传递给大脑的神经元。你吃冰激凌，你的感觉器官会告诉你的大脑它的形状、质感、味道等，而脑机接口代替了你的感觉器官，直接告诉你的大脑你现在在哪里、在做什么等。即使你实际上并没有吃冰激凌，你的大脑也会“欺骗”你让你感到吃了。特斯拉创始人马斯克曾经在 2021 年预测，脑机技术有望在 2022 年实现商用，让我们拭目以待吧。

除此之外，交互技术、电子游戏技术、人工智能技术、智能网络技术、物联网技术也是实现元宇宙的重要技术，在此不一一展开列举。总而言之，元宇宙的技术基础已经有了较好的发展，真正的元宇宙就在不远的将来。

元宇宙里的五种角色

在知道了元宇宙是什么，以及元宇宙的发展需要哪些“硬”技术支持后，你可能会有疑问，普通人在元宇宙里能做什么？下面列举几个在元宇宙里不可或缺的角色，帮助你了解未来基于元宇宙的产业链是怎样的。

内容方

对于元宇宙来说，优质的内容必不可少。就像你在玩游戏时会在意游戏的剧情走向，在选择企业时会在意企业的发展和创办理念，元宇宙也需要有故事内容支撑。对于个人来说，如果你是一个漫画家、小说作者，那么完全可以打造一个属于你自己的元宇宙内容 IP，也可以组织或参加各种各样的线上活动。

搭建方

如果你玩过《剑网 3》，那么一定知道“捏脸”[1]是一个能用来赚

① 在网络游戏中，“捏脸”泛指对虚拟角色的样貌进行自定义的数据操作行为。

钱的手艺活。在元宇宙中，你不仅可以“捏脸”，还可以“捏”各种建筑物来获得收益。

事实上，现在已经有一些很成熟的元宇宙地产服务商。你在元宇宙里买好地后，可以委托这些服务商给你搭建房屋。之前有人说过，有很多人开始准备设计元宇宙的家具了，这也是一个很好的思路。例如，国内比较知名的烤仔建工团队就是典型的代表。

烤仔建工团队共 9 人，其中建筑师 6 人，他们都有专业的建筑设计背景。一些传统建筑设计师也正在以兼职的形式加入他们。

据烤仔建工团队介绍，元宇宙设计比传统图纸设计更简单，元宇宙里的每一块地都不大。元宇宙里的建筑设计虽然不需要考虑材料力学等现实问题，但是在设计风格上，更加考验创造力。对于一座元宇宙房屋的设计来说，线稿设计费用一般为 3200 元，做效果图的费用为 6400 元。房屋搭建费用按工时计算，有交互效果的是 200 元/小时，不带交互效果的会低一些。

硬件方

不管是希壤，还是 Meta 发布的 Horizon Worlds，都要使用 VR 眼镜等硬件才能有良好的体验。在未来，虚拟现实、增强现实、混合现实、味觉模拟、体感模拟等，都将成为元宇宙产业链中必不可少的一环。个人可以通过申请成为设备厂商的代理商、开设线下体验店等抓住元宇宙带来的机遇。

基础建设方

前面已经提到，元宇宙的发展离不开通信技术、区块链技术的发展。与这些相关的行业在元宇宙的带动下可能会成为未来的铁饭碗行业。试问哪个元宇宙不用区块链呢？同时，随着元宇宙的爆火，掌握区块链领域目前广泛使用的合约语言（例如 Solidity）可能会成为程序员最重要而稀缺的一项开发技能。

综合服务经纪人

总有一些人想进入元宇宙，但是自己不了解，也不想花费精力，所以会雇用一个相当于经纪人或者中介的角色，帮助他们解决在元宇宙里的搭建诉求。比如，一些大品牌方。所以，如果你对元宇宙非常了解，那么可以直接扮演一个这样的角色，即元宇宙的综合服务经纪人。

元宇宙项目

元宇宙概念的兴起掀起了虚拟土地购买热。DappRadar 报告显示，仅在 2021 年 11 月 22 至 28 日的一周内，四个主要的元宇宙平台（*The Sandbox*、*Decentraland*、*Cryptovoxels* 和 *Somnium Space*）的虚拟土地销售额就超过了 1 亿美元。

之所以会这样，是因为目前最易于被大众理解、接受的形式就是以虚拟世界形式出现的元宇宙游戏。这类游戏满足了人们对于“身临其境的平行世界”的想象，同时区块链技术确保了玩家的资产所有权。因此，虚拟土地成了像实物土地一样的重要的投资对象。

下面以 *The Sandbox*、*Cryptovoxels* 为例展开介绍，其他类似项目不再赘述。

The Sandbox

提到元宇宙，不得不提的经典项目就是 *The Sandbox* 了。*The Sandbox* 是一款去中心化的虚拟游戏，玩家可以在其中创建、拥有、治理、交易和赚取资产，如图 5-2 所示。

图 5-2

前身

多数人对 *The Sandbox* 的认知是在 2021 年元宇宙热潮带动下产生的。2021 年 11 月 25 日，元宇宙概念爆火后，*The Sandbox* 的生态 Token SAND 的价格在 7 天之内增长了 120%，30 天内涨幅达 10 倍，生态内的土地价格也一起疯涨。2022 年 2 月 20 日，OpenSea 网站显示，即使是一块“偏僻”的虚拟土地，其价格也超过 10 000 美元。

事实上，*The Sandbox* 在 2012 年诞生时并不是一个元宇宙项目，而是一个类似于 *Minecraft*（《我的世界》）的中心化 2D 沙盒游戏。秉承着“为玩家提供一个能够让他们创作优秀图像内容的游戏平台”的理念，从 2012 年 3 月正式发布公测版本开始，*The Sandbox* 随着技术的发展不断迭代，每次更新都更接近其愿景。例如，*The Sandbox* Evolution 版本支持玩家通过完成任务或创作内容获得游戏币以购买物品。在多年的发展中，*The Sandbox* 积累了不少忠诚用户。

进化

2018 年，*The Sandbox* 的原始团队 Pixowl 宣布其被 Animoca Brands 收购，同时公开了要开发支持 3D、多人和多平台的全新版本的 *The Sandbox* 的想法。当时，正值区块链技术发展的成熟期，区块链技术的去中心化、公开透明和无法篡改的特性为 *The Sandbox* 进一步发展提供了可能。数字世界和游戏能以去中心化的协作形式被创建出来，通证化游戏道具（NFT）让玩家可以实现不同游戏间资产的转移，也保证了数据的稀缺性、安全性和真实性。

当时，市面上的多数体素游戏都是高度中心化的，不支持体素艺术家获得作品的全部价值。*The Sandbox* 采用了一种独特的去中心化和以用户为中心的思路，为设计者和玩家提供了更多玩法。这种设计让任何人都可以制作或导入自己的 3D 体素对象，使其动画化，并将其转换为 NFT 资产。*The Sandbox* 首席运营官 Sebastien Borget 说："玩家将从 NFT 的流通中受益，作品创作者的情感附加价值、前持有者的知名度或游戏记录等因素，都会赋予道具超越其实用性的价值。"

The Sandbox 中的交易市场（Marketplace）为玩家提供了一个购买和销售其所创建的 NFT 的平台。这个开放的市场也支持不同平台的用户交易游戏道具。通过这种方式，玩家可以实现其资产的跨平台转移，区块链技术确保了交易过程的安全性、真实性。*The Sandbox* 首席执行官 Arthur Madrid 说："*The Sandbox* 为所有人都提供了一种新的经济模式，即玩家和创作者完全参与到价值创造链中，并能够从这种以内容为平台的新模式中受益。"这意味着，虽然游戏本身仍然是中心化的，但是数字资产的真正所有权是属于玩家的，不像现有的中心化游戏那样属于游戏开发商。

运行机制

The Sandbox 的出现让玩家在元宇宙中边玩边赚钱成为现实，那么所谓的去中心化及经济模型具体是怎样的呢？

2021 年 7 月，*The Sandbox* 在与媒体 NFT Labs 的对话中提到，

它致力于创建一个所有玩家、创作者、土地所有者、管理员及投资者都利益一致的生态系统，这一目标是用其基于 Token 建立起的经济体系来实现的。

The Sandbox 上有两种流通的 Token，分别为 SAND 和 LAND。这两种 Token 分别被赋予了不同的功能。SAND 是以 ERC-20 为标准铸造的，主要具有交易媒介、治理和质押三种用途。

（1）对于玩家来说，SAND 是交易媒介。玩家可以通过玩游戏收集 SAND，收集到的 SAND 又可以用来玩游戏、购买游戏装备或定制自己的虚拟化身。

（2）对于创作者来说，他们可以通过 Game Maker（一个无须编码、简单易用的游戏制作工具）在地块上创作游戏并获得回报。

（3）对于艺术家来说，他们可以在市场中销售创作完成的体素，并通过购买 GEM（宝石）来定义物品的稀缺性。

SAND 作为治理 Token，其持有者享有一定的投票权，可以在一些治理决策中进行投票，也可以将投票权委托给其他玩家。除此之外，玩家还可以通过质押 SAND 获得奖励，以及创造资产的 GEM 和 CATALYST（催化剂）。

LAND 是 *The Sandbox* 虚拟世界中的虚拟地产，限量发行 166 464 个，每一个 LAND 都对应着独立的地块。玩家可以拥有自己的地块并在其上进行自主建造，同时也可以通过虚拟地图来访问具体的地块并参观环境和地标建筑，这相当于打造了一个巨大的广告牌和任意门，增强了游戏的社交性和经济流通性。运营地块也是玩家在该平台上赚取利润的重要方式。玩家可以通过自身的名气、对地块的建造等增加地块的附加值，并对地块进行出租、出售操作，从而获得收益。

品牌互动

The Sandbox 团队目前已与多个品牌方达成合作，有一些品牌以其知名 IP 在 *The Sandbox* 上创作游戏。例如雅达利，在虚拟世界的地产上创作过山车大亨。

除此之外，也有一些名人在 *The Sandbox* 上举办活动，如 2021 年 9 月，著名说唱歌手 Snoop Dogg 在 *The Sandbox* 平台上购买了自己的地产，并在那里举办了私人虚拟音乐会、派对、艺术画展览等活动。Snoop Dogg 的入住让周围的地价增高——其中一块被一位名叫 P-Ape 的用户以高达 458 038 美元（约 300 万元）的价格买下。

总之，*The Sandbox* 为不同角色的参与者均提供了用武之地，并为玩家提供了便于创作的平台工具，以及可自主进行交易的市场。玩家在 *The Sandbox* 上可以通过自己的作品或游玩过程等获得收益，真正实现了“play-to-earn”。

Cryptovoxels

与 *The Sandbox* 类似，*Cryptovoxels* 也是 3D 体素风格的。早期的元宇宙偏爱体素风格可能是因为受限于建模和硬件、网络、计算等基础设施。

Cryptovoxels 是由总部位于新西兰的游戏开发公司 Nolan Consulting 创作的。根据官网介绍，*Cryptovoxels* 是一个基于以太坊的虚拟世界和元宇宙。玩家在 *Cryptovoxels* 上可以购买土地，建造商店和艺术画廊。同时，*Cryptovoxels* 也具备虚拟世界的编辑工具、真人虚拟形象，以及文字聊天等功能。图 5-3 和图 5-4 是笔者在 *Cryptovoxels* 网页中参观 SPACEX 空间。

从图 5-3 和图 5-4 中可以看出，*Cryptovoxels* 是一个以玩家为中心的支持玩家自主进行内容创作、数字资产交易并具备社交功能的虚拟世界。

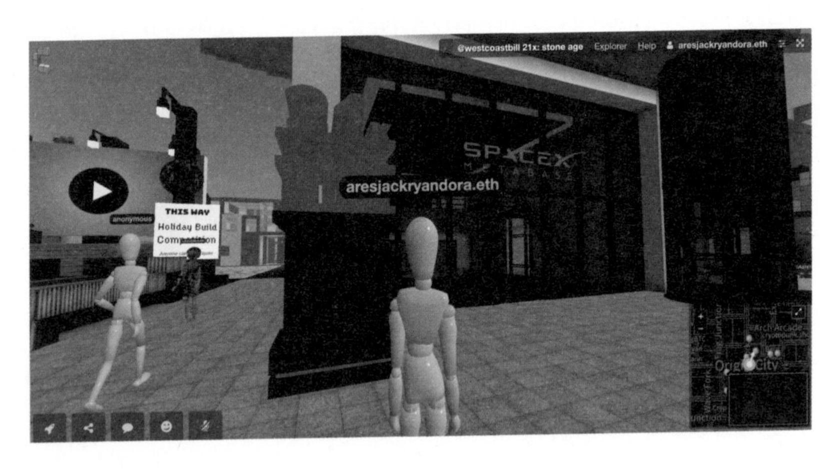

图 5-3

图 5-4

在这个虚拟世界中，玩家可以体验到 NFT 和去中心化经济带来的所有可能性。例如，创建虚拟化身、建造商店、用 NFT 建造艺术画廊、购买虚拟土地、与其他玩家互动、体验专为该平台开发的游戏。

Cryptovoxels 的土地所有者可以在他们的土地上进行自主建造。他们可以在地块上添加或删除体素和标志特征。这些特征包括音频、按钮、图像、体素模型、文本、多文本（3D 文本）和 GIF 动画。他们也可以把自己的地块做成沙盒地块，让任何人都可以免费在上面进行建造。

Cryptovoxels 使用 babylon.js 在浏览器中实现了高性能渲染，使得玩家可以通过浏览器在 *Cryptovoxels* 中获得相对流畅的交互体验。同时，*Cryptovoxels* 也支持尚未拥有钱包账户及土地资产的玩家以游

客身份通过浏览器进行访问。这极大地降低了玩家的体验门槛。

除此之外，*Cryptovoxels* 也兼容 Oculus Quest、Oculus Rift 和 HTC Vive 等 VR 硬件设备。玩家通过一个兼容 WebVR 的浏览器即可使用 VR 设备进入 *Cryptovoxels* 的虚拟世界。

与其他元宇宙项目相比，简捷的操作、易建造的特性使得 *Cryptovoxels* 的体验门槛更低。从某种程度上来说，*Cryptovoxels* 拓展了 NFT 的应用场景，让 NFT 可以以任意形式展现在公众面前。同时，玩家在这个虚拟世界中充分发挥着主观能动性，创造出各种盈利模式。

数字人

图 5-5 为烤仔（Conflux 的吉祥物）在 *Cryptovoxels* 的红浪漫 KTV 中。

随着元宇宙热度的提升，数字人产业崛起了。本书中的数字人，指的是没有与现实生物人一一映射的身份关系的数字虚拟形象。它们通常会以近似人的形象呈现，但不绝对，也有很多虚拟形象以动物或者物品为原型。数字人现在已经逐渐被用于虚拟偶像、虚拟主播、虚拟客服等领域。

图 5-5

图 5-6 为燃麦科技的超写实数字人 AYAYI。图 5-7 为 AI 虚拟数字人李未可（其制作公司由字节跳动投资）。图 5-8 为虚拟美妆博主柳夜熙。图 5-9 为万科的虚拟员工崔筱盼。图 5-10 为小红书超写实虚拟 KOL 翎 ling。图 5-11 为海外虚拟网红 Lil Miquela。

图 5-6

图 5-7

图 5-8

图 5-9

图 5-10

图 5-11

总体来说，数字人目前的发展尚处于早期阶段，存在诸多问题。

制作粗糙

有些数字人制作公司其实并不具备建模能力，只是蹭热度赚一些钱而已。

这里还要介绍一下“恐怖谷理论”[①]，大概意思是说当机器人与人类的相似度达到一定程度时，只要稍微有一点儿不一样的地方，人类就会觉得非常别扭，这个理论同样适用于虚拟偶像或者虚拟员工。

① 恐怖谷理论是一个关于人类对机器人和非人类物体的感觉的假设，在 1970 年被日本机器人专家森昌弘提出。其中，“恐怖谷”一词由 Ernst Jentsch 在 1906 年的论文《恐怖谷心理学》中提出，他的观点被弗洛伊德在 1919 年的论文《恐怖谷》中阐述，因而成为著名理论。

同质化严重

有些数字人几乎没有人设背景，只是简单设计了形象，而这些形象通常又是迎合西方审美的，并没有完整的人物背景和时常更新的动态剧情。别说与真人相比，有些虚拟偶像即使与电视剧中的角色相比都显得人设单薄，因而很难给受众留下独特、深刻的印象。

“万事皆可数字人”

有些与数字人挂钩的产业，其实并没有持续发展的广阔空间。虽然数字人的概念确实跟着元宇宙火了起来，但是人员成本在中国本来就不高，实际上，在很多领域真人又明显比数字人干得更好，何必使用数字人呢?

警惕

Cyptovoxels 官网的安全提示如图 5-12 所示。

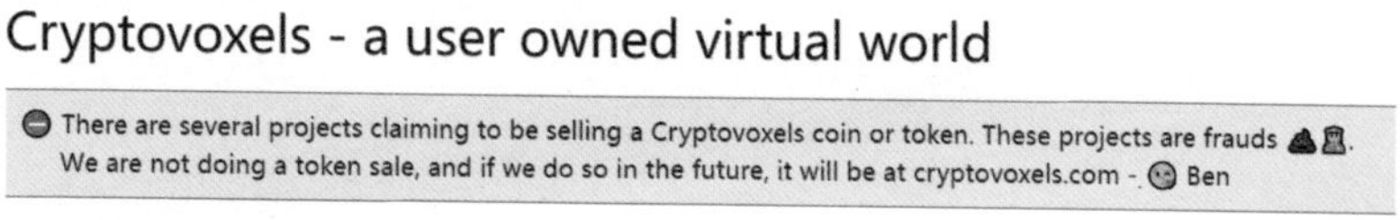

Cryptovoxels - a user owned virtual world

There are several projects claiming to be selling a Cryptovoxels coin or token. These projects are frauds.
We are not doing a token sale, and if we do so in the future, it will be at cryptovoxels.com - Ben

图 5-12

元宇宙的热度居高不下，出现了一些打着元宇宙旗号的骗局，入局者需要辨别虚实。

06

第6章

Web3.0的基本组织形式——DAO

什么是 DAO：一种新的组织形式

DAO，通常被读作 dào。

在大多数人的认知中，DAO 通常被认为是某公司或实体组织的一种去中心化形式，即去中心化自治组织（Decentralized Autonomous Organization）。虽然通过公司或实体组织这些既有概念去理解 DAO 更具有现实意义，但是 DAO 的含义并不仅仅局限于某个具体的公司或实体组织。从广义上来讲，DAO 是一种通用的去中心化组织形式，也是 Web3.0 世界里很常见的一种组织形式。

DAO 的前身

从组织形式来看，DAO 这样的去中心化组织形式在现实生活中存在已久。发表于 2019 年的一篇学术论文 *Decentralized Autonomous*

Organizations: Concept, Model and Applications 中提到[①]，自然生态系统中的自组织现象、CMO[②]、DAI[③]都可以看作其早期表现形式。以 CMO 为例，其在组织形式、运行方式上与如今的 DAO 十分相似，从这个层面来理解 DAO 似乎更加容易，但是这些组织与真正意义上的 DAO 仍存在差别。下面从 DAO 的特征出发来更深层次地理解 DAO 的定义。

DAO 的定义

目前关于 DAO 的定义非常多，从中可以梳理出 DAO 的基本特征，即字面意义上的去中心化、自主性与自动化、可治理，以及基于这些基本特征展露出的公开透明、高度信任、高度共识、Token 激

---

① WANG S, DING W, Li J, et al. Decentralized Autonomous Organizations: Concept, Model and Applications[J]. IEEE Transactions on Computational Social Systems, 2019, 6(5):870-878.

② CMO 是 Cyber Movement Organizations 的缩写，在学术上称为动态网民组织，可简单地理解为网民群体。在网络空间中，网民们会针对特定的话题或事件在短时间内迅速集结形成社会运动组织或团体，这些组织或团体会基于相应的事件做出行动。互联网水军就是 CMO 的典型代表，如帝吧出征，指的是爱国网友（最早期以百度贴吧“李毅吧”为主要力量）自发到海外各大社交平台传播爱国声音的网络行为，因行动迅速、声势浩大，逐渐在网络上出现了“帝吧出征、寸草不生”的形容。

③ DAI 是 Distributed Artificial Intelligence，中文意思为分布式人工智能。从人工智能的角度来看，DAI 代表了 AI 未来的发展趋势。DAI 主要研究逻辑上或物理上分布式的智能系统如何并行和协作地解决复杂问题。DAI 系统通常包含许多分布式自主节点（即代理），这些节点具有任务选择、优先级化和目标导向行为的能力［也称为信念—渴望—意图（BDI）］，而且通过沟通、合作和谈判，具有社交能力。在 DAI 系统中，既没有集中式控制，也没有全局数据存储。因此，它比集中式系统更加开放和灵活。由于冗余度高，它具有较强的容错能力。

励等运行特征。

去中心化

不同于传统的中心化组织，基于区块链技术的 DAO 组织形式是去中心化、扁平化的，具体体现为在 DAO 中不存在权力等级划分，也不存在权力中心，在管理上是自下而上的。

奥瑞•布莱福曼和罗德•贝克斯特朗曾在 2007 年出版了一本名为《海星式组织》[①]的书，书中对中心化和去中心化组织形式的区别做出了形象的介绍，"乍看之下，蜘蛛与海星的外观很像，都是从中央的躯体长出几只脚，但是两者截然不同。砍掉蜘蛛的头，蜘蛛就死了，但把海星切成两半，你会看到两只海星。"这有助于我们更好地理解去中心化的组织形式。奥瑞 • 布莱福曼和罗德•贝克斯特朗认为去中心化组织（海星）比中心化组织（蜘蛛）更有生命力。

自主性与自动化

在 DAO 中，每位成员都有权利通过投票来参与组织的治理和决策，都拥有自主性。前面已提到区块链技术的特征，区块链技术通过智能合约确保了 DAO 的"代码即法律"（code is law），使得 DAO 可以实现管理的代码化、程序化和自动化。

① 奥瑞 · 布莱福曼，罗德 · 贝克斯特朗. 海星式组织[M]. 李江波，译. 北京：中信出版社，2019.

可治理

DAO 通常是为了完成某一共同目标而设立的。DAO 的成员对在完成统一目标的路径上需要做出的各种决策具有投票权，并通过参与投票完成组织的自治。是否具备自治功能是 DAO 和其他普通去中心化组织的最明显差异。

公开透明

基于智能合约，终极形态的 DAO 的管理和运营规则、职责权利、利益分配、奖惩机制等均以智能合约的形式编码在区块链上，从而确保了组织运行的公开透明及自主运行。通常这些信息在区块浏览器（Scan）上可以公开查询，任何人只需要输入 DAO 的合约地址，即可查看该合约和与该合约产生过交互的 Web3.0 地址的所有历史行为。

高度信任、高度共识

由于 DAO 运行在由利益相关者共同确定的运行标准和协作模式下，再加上 DAO 在运行过程中公开透明的特征，组织内部就更容易建立信任和达成共识，可以最大限度地降低组织的信任成本、沟通成本和交易成本，使得快速、无边界的决策成为可能。

Token 激励

Token 是 DAO 治理过程中的激励手段，也是 DAO 运转的核心。

通过 Token，可以将奖励、信息等元素数字化，促进利益、权利等元素融合，从而提高组织的自发性、自主性，实现价值流动。治理 Token 又可以根据使用的技术标准不同分为可拆分 Token 和不可拆分 Token 两种。可拆分 Token 是可以无限拆分的 Token，比如一个成员可以持有 0.01 个 Token；不可拆分 Token 则是必须为整数个的 Token，比如 1、2、3、10 个 Token（详见第 4 章）。通过 Token 激励，可以让 DAO 中的个人与集体的利益一致化，从而实现共生共荣的愿景（但是在实际操作上还有诸多问题）。

基于上述特征，DAO 的参与者可以得到与其贡献相匹配的报酬和权利，从而使得组织运转更协调、更有序。依据这些特征，我们也可以对 DAO 下以下定义。

DAO 是以互联网基础协议、区块链技术、人工智能、大数据、物联网等为底层技术支撑，以 Token 激励和协同治理为治理手段，拥有明确的共同目标，具备高度信任和高度共识、开放平等、去中心化、公开透明、自动化特征的一种全新的组织形式，是数字协作的最佳实践和 Web3.0 最基本的组织形式。从现实意义出发，DAO 更像一个成员自发组建的、公开透明的社区，社区参与者拥有共同的目标，每位成员均有权参与组织的任何决策，成员共同决定组织的发展方向，社区贡献者可以获得对等的激励。

相信看到这里，你对 DAO 是什么已经有了初步的认知，同时一定对 DAO 产生了一些疑惑。例如，DAO 存在的意义是什么？其运转的目的是什么？理想中的 DAO 的运作模式是什么？实现 DAO 需要有哪些必要条件？现在有哪些较为理想、完备的 DAO 供我们进一步了解 DAO 这一概念？处于不同行业的我们应当如何看待 DAO、如何抓住 DAO 提供的机遇？DAO 的普及将为社会带来哪些根本上的变革？下面将回答这些问题。

生产环境的变革催生新的组织形式

要了解 DAO 作为一种新兴组织形式有什么意义，就需要先讨论传统组织形式是如何运作的。“生产环境的变革催生新的组织形式”，DAO 的出现是当下生产环境发展的必然结果。

从合伙经营到公司制

我们都知道生产力决定生产关系，当生产力发展到一定阶段，原来的生产关系无法适应它的发展时，生产关系发生变革就是必然的，旧的生产关系会被新的生产关系代替。过去各种生产关系的发展几乎都遵循了这样的发展规律。

在第一次工业革命时期，生产力水平相对较低，人力劳动是最基本的生产要素，简单的协作和手工制造及后期的机器制造是主要的生产方式，而对应的生产关系就主要是家族经营或者合伙式经营。

这样的企业组织形式在当时具有便于管理、权力层级清晰等优势，然而随着生产力进一步提升，原有的生产关系逐渐阻碍了生产力的发展。家族制的企业逐渐凸显出独裁、资本局限性、规模局限性等问题。

到 19 世纪中后半叶，工业革命推动了机器等生产工具的应用，新型企业组织形式——股份公司应运而生。这一新型组织形式的广泛运用是生产力发展的必然结果，是家族或合伙制企业自身难以适应外部多变的环境的必然出路。

再往后到第一次世界大战结束时，西方资本主义国家的主要工业部门已经完全被股份公司控制。美国在当时拥有近 200 家 1 亿美元市值以上的大股份公司，大约一半的国家财富归属于大股份公司[①]。

尽管股份制的出现促进了经济发展，却使得大规模的垄断成为可能，限制了生产力的发展。

更多的利润就意味着对劳动者利益的更多攫取。随着资本进一步发展，长期遭受资本压迫的工人们开始意识到这种不对等关系的危害，于是联合起来，成立了工会，对资本进行制约，约束资本的行为。然而随着信息技术的发展，进入了信息社会，传统的工会组织已不能对其形成有效约束。

到了我们现在所处的时代，信息技术的发展进一步解放了生产力，催生了平台型企业、零工经济、共享经济等新型生产关系。就

① 姜杰. 论西方发达国家企业组织形式的演变[J]. 当代世界社会主义问题，1999，(3).

像《人机平台：商业未来行动路线图》[1]中提到的，在数字经济时代，三组关系正面临转变：机器与人、平台与产品、大众与核心。其中提到，产品向平台的转变已成为一种趋势，衣食住行等需求均以平台应用的方式提供服务。这些新型关系的出现极大地便利了我们的生活，提高了经济效率。然而，同样无法避免的问题是，亚马逊、谷歌等平台公司在这一转变中成为巨头，并逐渐趋向垄断格局。

在这种范式中，平台依然是掌权者和最终利益获得者。然而，平台却很难给提供个人价值的贡献者对等的回报。这样的关系存在于视频网站和创作者、音乐平台和音乐创作者，外卖平台和骑手、打车平台和司机之间。参与者从外部为公司的发展做出贡献，但公司很难将激励措施与这些利益相关者挂钩，从而产生了巨大的价值鸿沟。同时，新型冠状病毒在无意间也作为推手改变了企业和工作者之间的人身依附性，传统的企业组织结构已无法适用于多样化的雇佣关系。在这样的时代背景下，传统的雇佣关系显然是不可持续的，以利润最大化为目的的公司继续从被雇用者手中获得价值，很多贡献者可能对平台不满。

从当下来看，一方面，传统的企业制已弊端皆显，另一方面，快速发展的生产力给生产关系的变革带来了新的可能性。DAO 这种组织形式就是在当下生产环境的推动下，人们对新型生产关系需求的必然结果。也许 DAO 的最大价值和意义，就是以实验的形式探索

① 安德鲁·麦卡菲，埃里克·布莱恩约弗森. 人机平台：商业未来行动路线图[M]. 林丹明，徐宗玲，译. 北京：中信出版社，2018.

如何建立适应新时代发展需求的生产关系。因此，我们需要 DAO，更需要研究 DAO。关于 DAO 的具体意义，可以从组织、员工、用户三个角度进行考量。

"X-to-earn"

Rabbit Hole（一个专注于区块链应用的营销工具）的运营负责人 Ben Schecter 提出了一种"X-to-earn"的收入模式。他认为，传统的赚钱方式是"工作赚钱"，但未来是"X-to-earn"——玩游戏赚钱、学习赚钱、创造赚钱、工作赚钱。我们可以对其进行进一步解读，即在传统的生产关系中，"X-to-earn"中的 X 被限定为类型化的工作，earn 被限定为钱，to 被限定为各大企业平台，而 DAO 存在的意义便是让 X、to、earn 都具有开放的可能性，即你可以在合法的范围内通过做任何事、通过任何组织获得任何你想获得的。

你曾经历过无效竞争的"内卷"吗？你曾喝过"别把爱好当工作""工作与生活必须分开"的鸡汤吗？你觉得你的价值被平台压榨吗？你正面临年龄焦虑、性别焦虑、身材焦虑吗？你因为高昂的试错/适应成本而不敢跳槽吗？DAO 对你来说会是完美的存在，它几乎可以解决上述所有问题。

员工与公司、个人与组织：从解构"职业"开始

你想从事什么职业？这个问题几乎是所有人都需要面对的问题。首先，"职业"这个词不同于工作，它指的是我们一辈子要躬身

其中的行当，也就是说，“职业”指向的是稳定。

在市面上、学校里有职业生涯规划的课程帮助我们尽早确定要从事的职业，教育体系中的课程也是针对不同职业需要的能力来开设的。

一个人是有很多发展可能性的，但在这种秩序的要求下，选择的范围被限定了，在大多数情况下只能选择 1 所学校、1 个专业、1 个职业。

那么，人们为什么要追求工作的确定性、稳定性呢？或者说，社会为什么倡导人们要有一个稳定的职业呢？其实很好理解，一方面，根本原因是有限的社会资源不足以支撑人们各种各样的发展需求，同时需要以此来维持社会的有序运转。另一方面，也是 DAO 可以解决的点是，DAO 给那些原本不被认为能产生价值的行为赋予了经济价值，比如打游戏、点赞、转发、看广告等这些在 Web2.0 时代被习惯性屏蔽的价值行为都可以产生切实的收益。这就像平台经济尚未兴起时，你无法想象通过分享自己的日常生活也能获得收益一样。

下面再来看“职业”的弊端，固定的发展路线限制了人多样化发展的可能性，最终只能当别人的螺丝钉，进而限制了更多创新的可能性；有限的职业选择也会导致像“内卷”这样不良竞争关系的产生，更少的选择使我们不得不安于现状。比如，你可能无法选择热爱的职业、必须按照规定的时间工作、不得不因为高昂的试错成本而选择留在不喜欢的行业中等。

DAO 可以从源头上解决以上问题。DAO 的去中心化和公开透明的特征让 DAO 可以在更广的范围内吸引贡献者，形成全球规模的协作关系，使得全球范围内的价值提供、积累成为可能。在 DAO 中，几乎做任何事情都可以产生价值，这保证了你在工作中可以拥有更大的选择范围，可以选择与自己愿景一致的组织，让生活本身变成工作，同时这也极大地降低了你在工作之间流动的成本，更重要的是，你的价值不会被打折。

正如 Ben Schecter 所说："最好的 DAO 是那些会给参与者奖励的 DAO，它们是所有权经济的基础。这种新兴的正和博弈状态[①]是 X-to-earn 趋势的基础，将塑造未来的工作。"

他认为，作为开放经济体的 DAO 将推动 X-to-earn 趋势，即参与者可以把做合法范围内的任何事情作为工作获得报酬，不管是日常生活中的玩游戏，还是传统工作等，并且参与者可以选择多种工作混合的方式参与贡献。DAO 的参与者主要包括 Token 持有者、赏金猎人和核心贡献者，他们可以通过不同的方式获得收益。例如，Token 持有者可以通过 DeFi 协议获得收益，赏金猎人可以通过完成社区发布的赏金任务获得收益，核心贡献者可以在组织的一些事项上获得一定的优先权、决策权等，网络参与者则可以通过游戏获得

① 正和博弈是指博弈双方的利益都有所增加，或者至少有一方的利益增加而另一方的利益不受损害的合作关系，与零和博弈相对。

报酬等。X-to-earn 使工作变得更多样、更灵活和更有趣，让换工作的成本降低、工作机会多元化，从而让获得工作的门槛相应变低。这可以理解为，在 DAO 中，做任何事情都可能获得报酬。[①]

组织：从根除垄断开始

表 6-1 为传统组织和 DAO 的对比（该列举为概括性的）。

表 6-1

	传统组织	DAO
决策	中心化决策	共同决策
所有权	需要许可	无须许可
结构	等级化	扁平化/去中心化
信息流	私有且封闭	透明且公开
IP	闭源	开源

对于组织来说，在 Web2.0 时代巨头之间的竞争是零和博弈，可能会陷入你死我活的无效竞争中。从根本上讲，这是因为包括劳动力、用户、数据等在内的生产资料是私有的，就像 Web2.0 的数据私有一样。DAO 实现了数据的公开、共享，组织之间可以共享生产资料。如前文所说，DAO 具有公开透明等特征。因此，不同于传统企业组织，DAO 能够与其利益相关者形成共生共荣的关系。

① 这段内容来源于 Ben Schecter 发布的《工作的未来是 DAO，收入的未来是“X-to-earn”》，由谷昱编译。

此外，在 Web2.0 的世界中进行创业是一件很难的事情，比如开发一个应用，你需要做到上百万级别的用户活跃度才能支撑起包括开发人员在内的大量用工成本，而 DAO 通过智能合约极大地简化了工作流程，通过简单的交互就可以完成交易，这在极大提高效率的同时降低了组织创新创业、生产交易的流程成本，这就意味着在 Web3.0 时代，做一个成功项目的核心是创意点，而不需要得到上百万个用户数据来进行融资。

最后，对于中心化组织形式的公司来说，一个公司的社会形象与领导层的决策水平或声誉有强关联性，尤其在互联网时代，人与人的通信成本降低了，网民对公众人物私生活的关注极大地提高了他们的声誉风险，近年来屡屡出现在互联网中的“塌房事件”就是极具代表性的案例。试想一下，公司内部或领导层被爆出有某些问题，那么公司的声誉必定遭受极大影响，不利于公司的经营。对于去中心化组织来说，扁平化的结构和灵活的准入与退出机制则可以将这类风险带来的负面影响降到最低。

用户：从解构“用户”开始

在 Web2.0 的世界中，应用之间的竞争是抢夺用户的注意力。应用要拼尽全力得到用户的空余时间、注意力，用户对平台而言是付费者、摇钱树。在 DAO 的逻辑中，平台的竞争点在谁能让用户收获更多价值。事实上，在 Web3.0 的世界中，“用户”这个词将不复存在，因为用户就是价值的生产者，就是“员工”。

DAO 是必然趋势

随着社会进步、人类心智的进化，以及区块链基础设施、软硬件工具的发展，在不久的将来，社会可以实现更有序的秩序。我们可以把原来的社会运转比作一个单线程算法，可以完成“10+10+10=30”的简单加法运算，而现在可以实现“10×10=100”的乘法运算，在未来，甚至可以实现“10 的三次方”的指数级运算。

DAO 的诞生与发展

DAO 的概念已经存在了很长一段时间，但最近 DAO 才真正开始蓬勃发展。下面对 DAO 的发展过程进行梳理。

20 世纪 90 年代，DAO 初现

DAO 这个概念被初次提出在 20 世纪 90 年代。不同于 DAO 的现代意义，当时的“DAO”被用于描述物联网环境中的多代理系统和反全球化社会运动中的非暴力去中心化行动。

2006 年，对 DAO 最早的描述出现在 *Daemon* 中

Web3.0 中的很多概念都起源于科幻小说，DAO 也一样。2006 年，美国作家 Daniel Suarez 出版了科幻小说 *Daemon*。在该书中，

计算机应用程序 Daemon 基于分布式特性秘密接管了数百家公司，并构建了新的世界秩序。这被看作对 DAO 最早的描述。在该书中，Daemon 的运作方式与现代意义上的 DAO 十分相似：可支付赏金、在整个社区中分享信息，以及管理货币。Daniel Suarez 的科幻小说 *Daemon* 如图 6-1 所示。

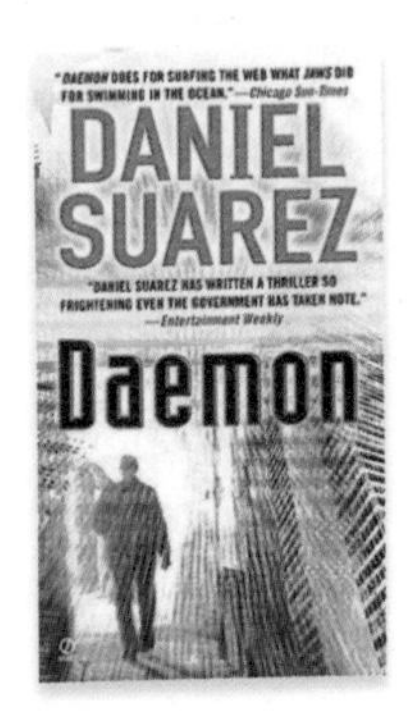

DANIEL
SUAREZ
Daemon
Daemon
(Daemon #1)
by Daniel Suarez (Goodreads Author)
4.16 · Rating details · 43,992 ratings · 3,230 reviews
A high-tech thriller for the wireless age that explores the unthinkable consequences of a computer program running without human control—a daemon—designed to dismantle society and bring about a new world order
Technology controls almost everything in our modern-day world, from remote entry on our cars to access to our homes,

图 6-1

2013 年，DAO 的早期理论和实践

BM 的实践

2013 年，Daniel Laimer（也被称为“BM”）提出了 DAC（Decentralized Autonomous Corporation，去中心化自治企业），同时基于 DAC 创建了比特股（BitShares，BTS）。Daniel Laimer 认为，BTC 的运作机制属于 DAC，即所有人均可自发参与到 BTC 的账本维护中并可以通过维护账本获得 Token 奖励。从前面提到的 DAO 的

定义来看，BTC 并不支持智能合约，因而不能满足丰富的治理场景需求，因此从这个层面上讲，BTC 更属于去中心化组织（Decentralized Organization）。DAC 的概念因其局限性也没能继续发展。

“V 神”的理论

2013 年年底，Vitalik Buterin（人们常称其为“V 神”）在发布的以太坊白皮书里，将去中心化自治组织（DAO）比作组织类型的“圣杯”，即一个“在互联网上自主存在的实体，但非常依赖雇用他人来执行自动化机器本身无法实现的任务”，同时强调 DAO 的两大特征：“去中心化”和“自治”。Vitalik Buterin 在以太坊白皮书中提及 DAOs，如图 6-2 所示。

A Next-Generation Smart Contract and Decentralized Application Platform

Satoshi Nakamoto's development of Bitcoin in 2009 has often been hailed as a radical development in money and currency, being the first example of a digital asset which simultaneously has no backing or "intrinsic value ↗ " and no centralized issuer or controller. However, another, arguably more important, part of the Bitcoin experiment is the underlying blockchain technology as a tool of distributed consensus, and attention is rapidly starting to shift to this other aspect of Bitcoin. Commonly cited alternative applications of blockchain technology include using on-blockchain digital assets to represent custom currencies and financial instruments ("colored coins" ↗), the ownership of an underlying physical device ("smart property" ↗), non-fungible assets such as domain names ("Namecoin" ↗), as well as more complex applications involving having digital assets being directly controlled by a piece of code implementing arbitrary rules ("smart contracts" ↗) or even blockchain-based "decentralized autonomous organizations ↗ " (DAOs). What Ethereum intends to provide is a blockchain with a built-in fully fledged Turing-complete programming language that can be used to create "contracts" that can be used to encode arbitrary state transition functions, allowing users to create any of the systems described above, as well as many others that we have not yet imagined, simply by writing up the logic in a few lines of code.

图 6-2

2016 年，世界上第一个 DAO 诞生和崩坏

2016 年，以太坊社区成员宣称要创建世界上的第一个 DAO，即 The DAO。这马上成了以太坊社区的热点讨论话题。随后，Christoph Jentzsch 在 GitHub 上公开了 The DAO 的代码，并通过相关网站启动了 The DAO 的众筹活动。此次众筹持续了 28 天，共获得 1270 万个 ETH（以太币，当时总价为 1.5 亿美元）。The DAO 采用完全去中心化且透明的运行机制，代码开源，并且 The DAO 的投资者可以通过 The DAO 的 Token 进行项目投票，成员也可以在社区推广 The DAO 获得奖励。

然而，就在 2016 年 6 月 17 日，一名黑客通过代码漏洞转移了 360 多万个 ETH。得益于 The DAO 的 28 天资金锁定期规则，被转移的 ETH 最终以硬分叉的方式被找回。尽管如此，但该事件的发生给 The DAO 社区带来了沉重打击。DAO 迎来了低迷期，在此之后虽然有一些 DAO 的项目仍在进行开发，但并未受到较大范围的关注。

该事件提高了人们对 DAO 安全性的认知，同时也提出了一些其他的问题。比如，是否应该对 DAO 设置负责人、如何正确处理治理中的细节问题、如何纠正代码漏洞及由漏洞带来的损失应该如何补偿等。这给后续 DAO 的创建提供了经验教训，Aragon、DAOstack、DAOhaus 和 Colony 等便是吸取经验后成功运行的项目，这些项目至今仍在 Web3.0 世界中发挥着重要作用。

2020 年，DeFi 热潮带动 DAO 的实践

2020 年，去中心化金融（Decentralized Finance，DeFi）的热潮使得 DAO 再次进入了人们的视野。DeFi 涉及利益的分配，为了实现公平性，所以在决议时需要通过 DAO 来完成。DeFi 的蓬勃发展让大家不得不思考如何更好地分配资产。DAO 作为新型的组织形式，为 DeFi 的业务模式、运营等提供了创新的运营标准和管理方式，以此保障项目稳定运行和共同增长。可以说，DAO 是 DeFi 长期发展和流通的必要“工具”，DeFi 的兴起必将带动对 DAO 价值的挖掘。

2021 年，ConstitutionDAO 成为 DAO 发展史上的重要里程碑

ConstitutionDAO 是由一些加密货币爱好者于 2021 年 11 月 11 日发起成立的一个社区组织，组织目标是通过 DAO 的形式募集资金，在苏富比的拍卖会上拍下最后一部由个人拥有的第一版《美利坚合众国宪法》的印刷本（这是当前仅存的 13 份《美利坚合众国宪法》副本之一），从而阻止其被有钱人独占，实现“让宪法回归人民”。如果竞拍成功，那么由成员投票决定是否公开展览这份宝贵的宪法副本；如果竞拍失败，那么由成员决定资金去向。

ConstitutionDAO 的发起者起初在推特上发布了关于成立该 DAO 的目标：7 天之内筹得 4000 万美元拍下宪法副本。

ConstitutionDAO 的推特账户的简介如图 6-3 所示。

图 6-3

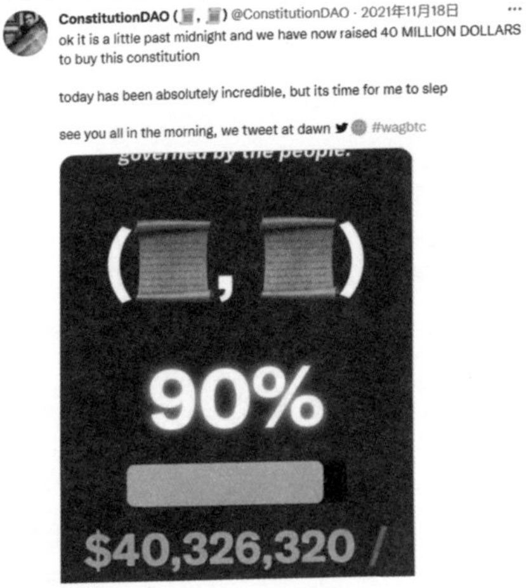

ConstitutionDAO (📜, 📜) @ConstitutionDAO · 2021年11月18日
ok it is a little past midnight and we have now raised 40 MILLION DOLLARS to buy this constitution
today has been absolutely incredible, but its time for me to slep
see you all in the morning, we tweet at dawn #wagbtc
(📜, 📜)
90%
$40,326,320 /

图 6-4

帖子发出后，在网络上迅速得到了大规模的自发传播。组织者随后在推特上发起了众筹，同时成立了 Discord 社区，发展出了营销、公关、网站开发等多个小组，并发布了原生 Token People。一天之内，他们便筹集了超过 3000 万美元，上万人加入了社区。11 月 18 日，ConstitutionDAO 已经筹得 4000 多万美元，如图 6-4 所示。

截至 2021 年 11 月 19 日拍卖日当天，ConstitutionDAO 共吸引了 17 437 名参与者，在 JuiceBox（基于 Web3.0 的众筹平台）上募集了将近 11 000 个 ETH（当时价值约为 4500 多万美元），这已经是该宪法副本预估成交价格的 2 倍以上。

然而，ConstitutionDAO 后来并没有成功拍得该宪法副本，该宪法副本被 Citadel 的 CEO Ken Griffin 拍走。在拍卖失败后，经过激烈的讨论，该组织的核心参与者在 24 日宣布关闭 ConstitutionDAO，并无限期允许参与者退款。参与者只需要在众筹平台使用自己参与募捐的 Web3.0 账户点击退款按钮即可销毁治理 Token People 并使捐款返还。

其关闭公告这样写道："这是一个里程碑式的项目，它向整个世界表明，一群互联网朋友可以利用 Web3.0 的力量面对一个看似不可逾越的目标，并在一个不可能的时间内取得令人难以置信的结果。我们真诚地希望，这个项目将激发许多其他项目，从每个参与者的热情和成就中获得灵感，利用 Web3.0 的力量对世界产生积极影响。"

在 ConstitutionDAO 宣布关闭后，其治理 Token People 的市场表现迅速走低，这在意料之中，毕竟组织都解散了，治理 Token 的市场表现怎么会好呢？然而在经历了几十小时的低迷之后，People 的二级市场价格又开始迅速攀升，早期参与募捐的成员获利超过 20 倍。虽然 ConstitutionDAO 关闭了，但是一些周边项目迅速崛起，试图为 People 及早期参与者搭建场景，比如 Peopleland（一个号称为参与捐款的 Web3.0 账户搭建的元宇宙，但除了铸造 NFT 之外目前仍未有任何实质性的建设）。不过，大多数周边项目都在短暂的火热之后归于沉寂，后续表现如何尚待时间解答。

个中虽有种种曲折，但可以确定的是，此次 ConstitutionDAO 产生的“拓圈”影响再次提高了 DAO 在公众中的知名度，其聚集的参与者数量及资金规模将 DAO 的影响力提高到一个新高度。

2022 年，对 DAO 的探索仍处于早期阶段

虽然 DAO 的发展经历了较长的一段时间，但到目前为止，DAO 仍处在基础设施变革的早期阶段。DAO 的数量增加及其在更大范围内被认知才刚开始。

从发展趋势上看，DAO 的类型已由初期的以技术为导向发展为以社交为导向。未来，DAO 将更多元化、更成熟。例如，PleasrDAO、Flamingo DAO 等以 NFT 社交为导向的 DAO，Bankless DAO 和 Friends With Benefits（简称 FWB）等以创造社会文化为目标的 DAO 等。

DAO 的发展仍面临许多未被解决、需要探讨的问题，包括法律法规、责任的归属等。我们期待 DAO 能够成为理想中的组织形式，但也不得不面对其当下存在的问题。下面将探讨 DAO 目前面临的问题及困境。

各种 DAO

在本节中，我们会根据 DAO 的目的对 DAO 进行划分，但要注意的是，这仅仅是为了帮助你更快速、更便捷地理解 DAO，而并不意味着所有 DAO 都遵循这样的分类方式，更不意味某种 DAO 只属于一种类型。

对 DAO 的分类五花八门，有的是为了分类而分类，可能是因为 DAO 太火，所以很多项目硬要贴上 DAO，但其实大可不必。DAO 的概念很宽泛，事实上很多项目即使不是一个彻底的 DAO，也或多或少有一部分是以 DAO 的形式进行的。

Web3.0 版乌托邦——CityDAO

提到 DAO，不得不说的就是筹钱买土地的 CityDAO，这里说的可不是元宇宙中的土地，而是现实世界中真实的土地。前面提到了以买宪法副本为目的成立的 ConstitutionDAO。如果说 ConstitutionDAO 的成立充满了让宪法回归人民的象征意义，那么要在现实世界中建立一座真正属于人民的城市的 CityDAO 就是一个充满现实意义的项目。CityDAO 的官网介绍如图 6-5 所示。

图 6-5

CityDAO 是什么

CityDAO 成立的目的是筹钱买地，然后在真实存在的土地上建设一座城市，其愿景是将现实中的土地资产与链上的数字账本建立关联。

钱从哪里来

美国怀俄明州在 2021 年 4 月 21 日通过了一项地方法律，承认了 DAO 可以作为一个合法的有限责任公司存在，该条法案在同年 7 月 1 日生效。CityDAO 的最初构想就是在该法案生效后的第二天形成的。

2021 年 7 月 2 日，AirGarage（一个互联网车库管理项目）的联合创始人之一 Scott Fitsimones 在推特上发布了自己的想法（如图 6-6 所示），即通过建立一个 DAO 实现在怀俄明州买地，并把这块地通证化（可以理解为变成链上资产）。

scott fitsimones
@scottfits

Starting a DAO to buy and tokenize land in Wyoming, who wants in?

上午6:16 · 2021年7月2日 · Twitter for iPhone

71 转推　34 引用推文　1,187 喜欢次数

图 6-6

消息发出后，吸引了许多人讨论和加入，到 7 月 15 日，Discord 社区中的成员已经超过 1000 人。7 月 23 日，Scott Fitsimones 正式将 CityDAO 注册为有限责任公司（LLC），并开始以售卖 NFT 的形式筹集“买地资金”。

8 月 8 日，First Citizen（第一公民）NFT 以 6.52 个 ETH 的价格售出。8 月 11 日，Founding Citizen（创始公民）NFT 发售。到 8 月 25 日，CityDAO 通过售卖 NFT 已筹得超过 25 万美元的买地资金，第二天便开始联络房地产中介选地，并在 9 月初成立了 CityDAO 论坛以便进行后续的治理讨论。9 月 21 日，通过社区投票决定要购买第一批土地，9 月 27 日，公民通过投票接受了一块 40 英亩[①]地块的报价。10 月 23 日，CityDAO 发布了公民（Citizen）NFT，10 月 29 日正式完成了土地购买。

① 1 英亩≈4046 平方米。

谁是公民

有了土地之后就可以开始城市的建设，而城市的建设需要公民的加入。那么，公民从哪里来呢？前面提到，CityDAO 在筹集资金的过程中发布了三种 NFT，分别是 First Citizen NFT、Founding Citizen NFT 和 Citizen NFT，如图 6-7 所示。

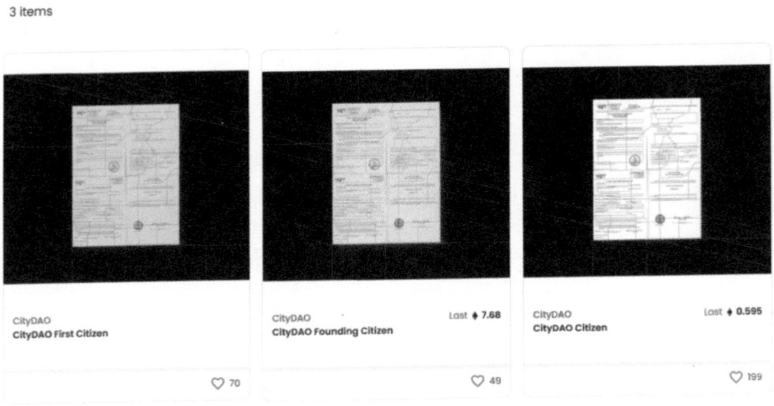

3 items

CityDAO
CityDAO First Citizen
70

CityDAO
CityDAO Founding Citizen
Last 7.68
49

CityDAO
CityDAO Citizen
Last 0.595
199

图 6-7

这些 NFT 不仅是一种链上资产，还被 CityDAO 赋予了身份和权益的附加价值，持有其中任意一种即可成为 CityDAO 的公民。

其中，Citizen NFT 的总供应量为 10 000 个，持有者可以获得对 CityDAO 某些决定的投票权、Discord 社区中#citizens 频道的访问权，以及其他待定权益。Founding Citizen NFT 的总供应量为 50 个，持有者可以拥有治理权和投票权、Discord 社区中#citizens 频道的访问权，以及即将发售的土地 NFT 的优先购买权。First Citizen NFT 的总供应量为 1 个，持有者可以拥有为第一块地命名的提案权、治理权和投票权，以及土地 NFT 的优先购买权。

这三种 NFT 的总供应量为 10 051 个。CityDAO 将其购买到的土地划分成 1000 份，其中 75 份是公有领域的，其余 925 份可用于个人分配。CityDAO 的地块划分如图 6-8 所示。

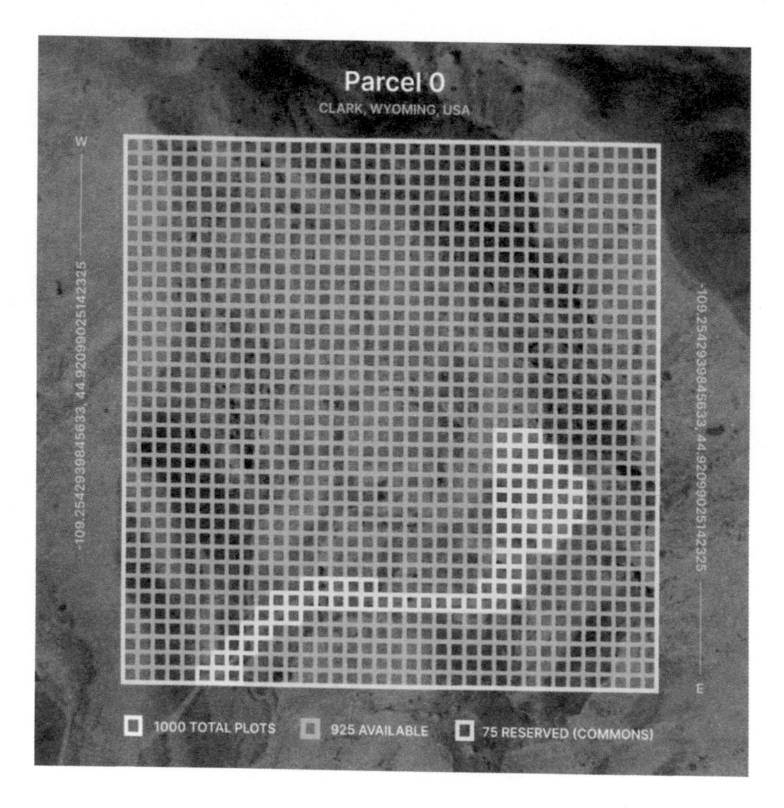

图 6-8

如何"分地"

这样一来，在持有公民 NFT 的人中，就有一些人无法获得地块。因此，CityDAO 决定通过随机抽奖的方式，从 10 000 个持有 Citizen NFT 的公民中选出 925 个发放地块 NFT。为了确保抽奖透明公开，CityDAO 在 2021 年 12 月 15 日与链上预言机工具 Chainlink 达成合作，通过 Chainlink 验证抽奖的随机性，任何用户都可以对抽奖过程和结果进行查询与验证，整个抽奖过程在链上进行。

Chainlink 的工作原理是，当预言机节点收到预设的私钥请求时，可以将未知的区块数据进行组合，并生成随机数和加密证明。

CityDAO 智能合约只接受在具有有效的加密证明、VRF 过程防篡改的情况下生成的随机数。这保证了中奖者的随机抽选过程是可以直接在链上验证和自动化的。

值得注意的是，获得地块 NFT 的公民并不是直接拥有了一个地块，而是拥有了对地块的购买权，在购买之后并不能获得真实的土地，而是以捐赠的形式保留 CityDAO 对地块的所有权，如图 6-9 所示。

图 6-9

如何决策

前面提到，CityDAO 的公民依据其持有的 NFT 享有不同的权利，公民对社区内部的建设、运营享有决策权，并可以决定是否在将来购入一批新的土地。这确保了 CityDAO 完全去中心化、自下而上的决策方式。

全新的社会实验

从各个方面来看，CityDAO 都是一个极具实验性的项目。尽管目前有许多城市建设类项目，但是这些要么仅存在于链下，要么仅存在于链上。CityDAO 则将二者打通，实现了从资产到权利全方位的“通证化”。

“V 神”的期待

CityDAO 火热离不开一个人，他就是“V 神”。作为以太坊的创始人，“V 神”的一举一动、一言一行都牵动着 Web3.0 人的心绪。“V 神”在 CityDAO 的发展前期就已对其产生了浓厚的兴趣，在 2021 年 11 月发布了一篇名为 *Crypto Cities* 的文章（如图 6-10 所示）。他在文章中提到，用区块链进行城市治理的理念大体可分两种。一种是用区块链建立更加公开、透明、可信、可验证的流程。如果组织内部有一种专用的稳定币，所有付款、税款的处理等均通过链上交易来完成，那么这样透明的交易流程可以极大地减少贪污腐败事件的发生。如果车牌摇号、户口摇号等在链上通过公平透明的随机数生成器进行，就大大地提高了流程的可信度。

图 6-10

另一种是利用区块链对土地或其他稀缺资产的所有权进行分配和民主治理。同时，使用区块链可以使更多流程变得更值得信赖。

他认为 CityDAO 可能让 Crypto 城市进入新时代，让城市的治理有更多可能性，变得更可信、更透明和更民主。

以治理为目的的 DAO

以治理为目的的DAO的发起者通常为开发者或区块链项目的拥护者，因为其在治理上的优势，这类 DAO 往往是 DeFi 项目的必备“管理工具”，所以在 2018 年 DeFi 热潮兴起时，涌现出了大量的以治理为目的的 DAO。这类 DAO 把决策权下发给了用户，通过区块链协议，项目可以基于用户的使用程度和所做贡献发放治理 Token，赋予用户相应的提案权和对提案执行的投票权。用户持有的 Token 数量和其拥有的投票权重成正比。

2014 年成立的 MakerDAO 是这类 DAO 的早期代表。MakerDAO 创建在以太坊上，DAI 是其推出的稳定币，用户可以通过质押加密货币的方式获得 DAI。目前，DAI 仍在以太坊上平稳运行。MakerDAO 的基金会在 2021 年 7 月宣告解散，至此实现了完全的去中心化。

如今，以解决治理问题为目的的DAO发展出了各种各样的组织，在多数区块链项目的发展中成了必不可少的组织。

为创作者而生的 DAO

用一句话说明这类 DAO 的创建目的就是，建立一种没有中间商的粉丝经济。为创作者而生的 DAO，通常以个人为中心。就像围绕明星创建的粉丝后援会一样，在现实世界中，通过成为粉丝团的一员并做出贡献，进入粉丝团的核心管理层就可以获得与偶像近距离互动的机会，但这样的机制往往会包含不公平、不透明的决策机制。比如，你想支持某位歌手的新专辑，可以通过音乐流媒体平台买他的数字专辑，也可以通过粉丝团筹集资金买入。通过前者，你的钱会被平台抽成。通过后者，则存在组织者卷钱跑路的可能。DAO 可以实现更透明、更公平的流程，每个人都可以直接与明星产生经济互动，而不需要通过中间商。

基于这样的逻辑，目前市面上已经存在各种各样以支持创作者为目的诞生的 DAO，支持者可以通过 DAO 直接对创作者进行支持，比如 Leaving Records 和 Personal Corner 都是早期的代表。

以投资为目的的 DAO

你可以把这类 DAO 理解为风险投资公司，但与传统风险投资公司不同的是，DAO 的组织形式使其在投资决策上拥有更透明、更公平的投票流程，在准入方式上更加灵活、透明。这吸引了更多优质投资人的加入，优质的社区成员是这类 DAO 的核心。该领域的典型代表有 The LAO，以及由 MetaCartel 社区创建的 MetaCartel DAO，它们对加密领域内的许多早期去中心化应用进行了投资。

以收藏为目的的 DAO

这类 DAO 以拓展 NFT 的价值领域为目标，社区聚集了各种资产收藏爱好者，其中 NFT 为最常见的收藏资产。这类 DAO 随着 NFT 的热潮得到了蓬勃发展。

这类 DAO 通常由艺术家或收藏家运营，通过构建社区挖掘 NFT 的价值。例如，Flamingo DAO 以建立最大的链上原生艺术品收藏社区为目标，以 DAO 的形式进入 NFT 领域，其成立了由 30 余位业内人士组成的专业顾问团队，其中包括 OpenSea、SuperRare、*Axie Infinity* 等项目的联合创始人等。类似的组织还有为了支持和收藏链上原生艺术品的 SquiggleDAO、旨在营造一个跨项目的“艺术收集帝国”的 PleasrDAO。

除了收藏，这类 DAO 有时也可以在某些 NFT 项目中担任策划者的角色，好的这类 DAO 也可以成为 NFT 项目有力的营销渠道，快速增强项目的可信度和知名度。例如，Nouns DAO 是聚集了所有 Noun NFT 持有者的社区，这些持有者也会在 NFT 未来的销售中获得一定分成。类似的还有收藏 Meebits NFT 的 MeebitsDAO。

虽然从获得利润的角度来看，这类 DAO 与以投资为目的的 DAO 似乎存在某种一致性，但是这类 DAO 往往更偏向“收藏”而非“出售”，尤其随着 NFT 应用场景的扩充，NFT 不仅可以作为一种收藏品，也可以作为收藏者在 Web3.0 世界中的身份标识，在某种程度上满足了收藏者的社交需求及其对群体归属的需求。因此，从这个层面上来看，这类 DAO 也具有较强的社交属性。

以社交为目的的 DAO

社交类 DAO 是以社交为导向的组织，其目标通常是构建一个成熟、强大的社区。于 2020 年 9 月正式启动的 FWB 就是社交类 DAO 的典型代表。在官网介绍中，FWB 致力于通过创新下一代艺术家、创造者和建设者的激励机制，助力互联网变革。其通过链下社交平台吸引志同道合的人，一年之内便集结了全球 1500 万个文化爱好者，同时还在欧洲和北美举办了会员活动，创建了自己的票务系统，并将推出自己的期刊平台，供会员交流艺术、政治、生活等。

要想加入 FWB 需要事先提交一份书面申请，该申请需要经过社区成员审查和投票通过，同时，要想加入 FWB 也需要持有一定数量的 FWB Token，该 Token 的持有者拥有管理社区财务的权利，同时也能通过贡献创意获得收益。持有不同数量的 Token 可以解锁不同的功能。例如，持有 1 个 FWB Token 可以阅读社区博客，持有 75 个以上 FWB Token 可以访问 FWB 在全球各地的分支 DAO、与不同社区的成员交流。除此之外，类似的组织还有 Seed Club、CabinDAO 和 Bright Moments 等。

以人力资源管理为目的的 DAO

这些组织充当了人才聚合者的角色，把可以用于某些项目的人力资源拉到一起。

简单来说，这类 DAO 可以被看作人力资源的聚合器和分发方，这类 DAO 聚集了来自不同行业的人才，并可以与这些人才签订“劳动合同”，然后可以在链上对人才进行分配，被分配的人才通过个人价值的贡献可以依据“劳动合同”获得相应的奖励。这类 DAO 实现了人才在不同 DAO 之间的流通，对 Web3.0 的工作体系起到了重要的人才传输作用。RaidGuild 是此类 DAO 的代表之一，其介绍的自身定位为“Web3.0 生态系统的首要设计和开发机构”。目前，RaidGuild 已经与 1Up World、Tellor 和 Stake On Me 等多个客户达成了人才合作。

通过对 DAO 进行分类，相信你已经对 DAO 有了更加具象化的了解。通过对类型进行梳理可以发现，在资产量级较小的 DAO 中优先考虑的要素是社交，链下治理会成为其主要的治理模式。这类 DAO 以成员的群体归属感而非创造利润为目标。资产量级较大的 DAO 相对存在着较高的资本风险，因此，这类 DAO 偏向采用链上的治理模式。

以资助为目的的 DAO

这类 DAO 出现在 DAO 发展的早期。一般来说，这类 DAO 是从预先存在的项目中衍生出来的，作为项目社区的一种激励方式存在。对于项目方来说，这类 DAO 可以更好地推动社区成员积极地参与项目的维护。一方面，这类 DAO 可以通过资助对项目有益的社区提案来调动社区成员的积极性，另一方面也可以通过资助其他项目的发展来扩展自己的生态版图，以便更好地促进项目成长。

例如，Aave Grants DAO 对 *Aavegotchi* 游戏的资助，使玩家可以通过游戏的形式为项目发展做出贡献。类似的还有 Uniswap 衍生出的 Uniswap Grants Program、Compound、Audius DAO，这些 DAO 均通过资助来增强社区黏性，推动项目更好的发展。

以学习为目的的 DAO

这类 DAO 没有特别明确的统一目标，通常只是笼统地以学习某方面的知识为目的，其中常见的就是学习 Web3.0 及与 Crypto 相关的知识的 DAO。Windseeker 是一个成立于 2022 年 2 月的 DAO，以学习 Web3.0 知识、提升成员认知、传播 Web3.0 精神为目标，倡导“learn-to-earn”。其名称出自“雷霆之怒，逐风者的祝福之剑（Thunderfury，Blessed Blade of the Windseeker）”，即“风剑”。它是暴雪公司出品的网络游戏《魔兽世界》中的一把传说级（橙色）武器。

Windseeker 社区内鼓励成员“搬运”与 Web3.0 相关的资讯，并输出对资讯的看法。成员在社区内的互动和输出会被量化记录在链上，变成其个人 Web3.0 档案的一部分。

类似的还有 Crypto Tech Night，简称为 CTN。这是每个月举办一次的区块链技术分享活动，观众一般都是区块链开发者和爱好者，其分享的内容包括零知识证明、智能合约开发、DeFi 协议、去中心化存储、DAO 开发等。国内社区目前不到 800 人，都是区块链和技术爱好者。

对于这类 DAO 来说，最大的问题是如何保证其成员持续在社区内输出有价值的信息。以往的 Web2.0 学习型社区发展到后期往往只有管理员一个人发言，其他人都“潜水”；那些有强内容输出能力的成员往往不愿意局限在社区内输出，而是会开发自己的平台来沉淀个人 IP 价值，以便后期直接走知识付费路径变现；那些愿意在社区内发言的人可能面临被抄袭的风险。很多社区都会因为想从篮子里拿东西的人太多、往篮子里装东西的人太少而逐渐走向没落。即使有了 Web3.0 的加持，这类 DAO 仍然面临诸多挑战。比如，由于没有直接的经济激励，这类 DAO 的组织很松散，并且后期可能会出现接广告盈利而导致信息失去公正立场。总之，Web3.0 的学习型社区是否可以借助 DAO 走出新道路尚需实践证明。

DAO 的工具

一些项目致力于为建立 DAO 或者治理 DAO 提供某种工具，有的本身就是以 DAO 的模式在运营，有的则不是。

MolochDAO 是一个以太坊基金计划，成立于 2019 年 2 月，旨在为以太坊的基础设施项目提供资金，并且解决以太坊开源生态中的一些公共问题。MolochDAO 的运作方式类似于 The DAO，想进入组织成为会员的申请者可以将 ETH 捐赠给系统，现有会员投票决定是否接受他们成为会员。会员可以向平台提交资助提案，并对其他资助提案进行投票。如果投票通过，那么该新会员可以按照其捐赠的 ETH 占总金库 ETH 的比例获得新发行的投票权。如果会员想要退出，那么可以凭投票权从金库中拿回对应份额的 ETH。

准确地说，Aragon 并不是一个 DAO，而是帮助组织快速建立 DAO 的模块化工具平台。个人或者组织不需要具备智能合约编程能力也可以使用 Aragon 建立 DAO。你也可以把 Aragon 理解为一种将“人治”与合约治理相结合的方案。同时，Aragon 的原生 Token ANT 也具有治理功能。持有者可以通过与平台交互，凭借 ANT 参与平台决策。

Gnosis Safe 是一个以太坊上的多签工具，支持多账户共同管理资产，因而为 DAO 的财务事项保持公开、透明、多方监管提供了可能性。

DAOhaus 成立于 2019 年以太坊柏林黑客松，起初的目的是改善 MolochDAO 的用户交互体验，后来逐渐发展成一个集投资、社交、捐赠、服务于一体的综合类 DAO 工具平台。在这个平台上，你既可以参与别人的 DAO，也可以发行自己的 DAO。

最后要强调的是，尽管前面对 DAO 做了分类，但 DAO 的类型并非一成不变的。一种 DAO 可以同时具备两种或两种以上的属性，在发展过程中会依据目标的变化而发生类型改变。因此，在试图了解特定的 DAO 时不用特意将其分类。本书的分类只是为了让此前不了解这个领域的读者能够更容易理解 DAO 的概念。

理想中的 DAO 应该是什么样的

现在有一些人在介绍 DAO 的时候会介绍得很复杂，但是完全没有必要。世界上大多数事物的本质都没有那么复杂，之所以看起来很复杂，是因为你还没有看到本质。本节将从实践的角度来阐述要做好一个 DAO 通常需要满足哪些条件。试想一下，从公司创建者的角度来考虑，创建一个公司并使其有效的运转，应当具备哪些条件？要成立一家公司基本上需要拥有人才、资金、目标、章程、场所等，而对于 DAO 来说，由于其具有去中心化的特征，需要具备的主要条件有共同的目标、有效的决策机制、优质的社区。下面展开叙述。

共同的目标

从“各种 DAO”一节对 DAO 类型的梳理可知，共识是联结一个 DAO 的“灵魂”，而共识的达成在极大程度上取决于 DAO 的目标，就像我们在选择工作时会考虑企业的发展目标、企业理念等。可以说，确立一个能引起共鸣的目标，可以对 DAO 社区的初期发展起到重要作用。尤其对于社交属性较强的 DAO 来说，确立一个清晰的目标尤为重要。

ConstitutionDAO 之所以能在初期获得迅速、大规模传播，并在短期内成功筹到款项，其清晰的目标起到了重要作用。

有效的决策机制

有一种片面的观点认为，DAO 的组织效率太低、决策流程太长、参与决策的人太多，其实这还是用中心化的观点看去中心化。决策本身不仅是一个重要的流程，还是一个项目中很重要的组织行为，或者说决策就是 DAO 社区的一种活动方式。DAO 是一种人事合一的组织形式，社区和目标在交织中发展。所以，我们在关注一个 DAO 时不仅要关注其是否完成共同的目标，还要关注其社区治理的发展。

同时，决策机制也包括对成员的激励机制。驱动 DAO 价值增长的因素不仅是每个成员为 DAO 做出的贡献，还在于更多成员积极参与治理，从而使得组织能够不断调整和完善。

理想的 DAO 应当具备较高的选民参与率，即社区成员积极参与治理，这就需要建立有效的激励机制。从价值贡献者的角度来看，其选择加入一个 DAO，首先要看的便是在其中做贡献如何获得奖励。激励机制可以被简单地理解为薪资福利制度。通常来说，治理权、利润份额、奖励等都可以激励成员为 DAO 积极做贡献。良好的社区参与度、组织决策机制，保证了 DAO 发展的可持续性。

优质的社区——成员的质量决定了 DAO 能走多远

共同的目标和有效的决策机制主要决定了 DAO 起步的速度，而社区的质量则决定了 DAO 未来的发展。有效的机制可以筛选高质量的成员，而高质量的成员会帮助完善更好的机制。在某些极端情况下，高质量的社区甚至可以扶大厦于将倾，在其他方面都极差的情况下可以只靠社区共识让 DAO 的走向回到正轨上。依据资格行为（用以判定该 Web3.0 账户是否具有加入的行为）发生时间与 DAO 成立时间的先后顺序可以把 DAO 粗略地分为两种，资格行为发生在 DAO 成立之前的称为前置型 DAO，资格行为发生在 DAO 成立之后的称为后置型 DAO。

前置型 DAO

前置型 DAO 用过往的 Web3.0 账户行为确定该账户是否有资格参与 DAO，通常会以链上行为为依据量化该地址的贡献，将其折算成相应数量的 Token。此 Token 会被作为 DAO 的治理 Token。这样做的好处是，得益于链上行为的强真实性，DAO 可以精细地筛选早期的目标用户。比如，OpenDAO 锚定 NFT 的活跃参与者，所以筛选标准是在 OpenSea 上有过交易行为的 Web3.0 地址。这样做的坏处则是没有在初期募集一笔资金，所以可能在启动资金上比较匮乏，从而在宣传等动作上受到掣肘。

后置型 DAO

组织者发起 DAO 之后在相应的募捐平台上开放捐款，捐款者可以获得相应的治理 Token（Governance Token），但这个 Token 是否具有经济价值需要看这个 DAO 未来的发展，发展越好、影响越大，就会有越多的人想获得 DAO 的治理权，治理 Token 的价值就越高，反之则价值微弱甚至沦为废纸。这种方式的好处是先募集了一笔资金，但坏处是可能会吸引一批投机者，导致早期 DAO 的成员标签可能不精准。

只要具备共同的目标、有效的决策机制和优质的社区，基本就可以算作一个完备的 DAO。

DAO 面临的问题

合规尝试

一些立法尝试

美国很早就开始对 DAO 进行监管。2017 年 7 月 25 日，美国证监会曾发布 *Report of Investigation Pursuant to Section 21（a） of the Securities Exchange Act of 1934: The DAO*[依据《1934 年证券交易法》第 21 条（a）款发布的 DAO 调查报告]。其中，基于对 DAO 组织 Slock.it 公开发行 Token 的调查，明确指出 DAO 发行的 Token 属于

美国《1933 年证券法》及《1934 年证券交易法》中的“证券”。

2021 年 4 月 21 日，美国怀俄明州议会正式批准且由州长签署了 *Wyoming Decentralized Autonomous Organization Supplement*，该法案于 2021 年 7 月 1 日正式生效。该法案的通过意味着 DAO 作为一种组织形式，其法律地位已经得到认可，并且 DAO 在设立、治理、成员权利和义务等方面的法律适用得到了明确。

对此，本杰明 ·卡多佐法学院的副教授，同时也是 Flamingo DAO 的联合创始人 Aaron Wright 曾对 Decrypt 提到：“该法案使建立 DAO 变得更容易、更便宜，并使许多加密货币项目具有合法性。它使 DAO 能够根据某些条件成立有限责任公司（LLC）——在法律世界中，这是一个革命性的概念，每个组织都被视为由至少一个人管理。”American CryptoFed DAO 的首席执行官、怀俄明州夏安市市长玛丽安 • 奥尔（Marian Orr）说：“怀俄明州是美国领先的数字资产司法管辖区，现在，有了关于 DAO 的法律，怀俄明州可以说是世界上最大的区块链司法管辖区。”

在立法方面仍有很大空白

首先，从法律对 DAO 存在形式的认可上来看，多数国家在法律上对 DAO 的规定仍处在空白阶段，这使得部分 DAO 不得不在现实世界中也成立一个公司实体以确保其运行的合法性。

其次，有些人会认为，由于缺少法律约束，DAO 的责任认定不清晰、成员的权利和义务等无法得到实实在在的保障。这是 Web3.0 时代整体面临的问题。事实上，每种新型生产关系的出现，都可能面临着法律等各个方面的空白和滞后，尽管现行的社会机制不能快速适配 DAO，但是人类历史的发展规律一定是高效淘汰低能、自由淘汰约束、创新淘汰守旧。所以，尽管目前的 DAO 在完全的去中心化和合规性之间仍处于鱼与熊掌不可兼得的状态，但是我们可以相信，在未来，DAO 会以自己的方式找到存在的平衡点。

DAO 真的安全吗

DAO 的智能合约尚未成熟，且 DAO 为了满足其公开透明的需求将代码进行开源增加了其自身的安全隐患。一个 DAO 是否安全，几乎完全取决于其代码的安全性，这就使得 DAO 在保证其不被黑客攻击方面尚处于不稳定的被动状态。

“DAO 的诞生与发展”一节提到的 The DAO 就是典型的代表案例，尽管被攻击后通过硬分叉的方式追回了被黑客转移的以太币，但是耗损了社区的信任度、凝聚力且违背了区块链去中心化的初衷。

DAO 真的去中心化吗

DAO 的高效运转需要依赖相关的工具，尽管到目前为止已经有了不少支持 DAO 的工具，但在某些领域中仍存在较大的需求缺口，并且工具的发展尚处于起步阶段，这导致了一些 DAO 在基础管理操作上面临效率低下的问题（包括 Token 分发、资产管理等）。

DAO 几乎没有可以借鉴的组织结构，处于“摸着石头过河”的阶段。同时，人们在中心化机构中的工作惯性也使得 DAO 的组织内部管理难上加难，如果在去中心化和中心化之间把控不好度，在内部就容易出现业务优先级不明晰、决策权集中或效率低下、内部成员贪污等问题，在外部表现为大户操控、贿赂等问题。例如，Synthetix 创始人 Kain Warwick 曾提到，其在创立 Synthetix 的初期采用了扁平的去中心化结构，然而在后期的运行中却发现，这样的组织结构因缺乏一个明确的工作流程，导致其在事务优先级的划分及资源的整体调配上存在较多的内部协调问题，也正因为如此，Kain Warwick 在后期又重新组织了理事会，并尝试以此来构建更为清晰的组织结构。

资本暴力问题

所谓的去中心化就是每个人都拥有相等的权利。然而，目前在一些尝试以 DAO 的形式运行的组织中仍存在着“资本暴力”的问题，即一些投资方可以通过持有大规模的治理 Token 获得更大的权利，从而掌握组织的决策方向。

例如，发生在 Uniswap 上对 DeFi Education Fund（DeFi 教育基金）进行赠款的提案投票事件中，在投支持票的权重最大的前 7 个地址中，前三名分别为提案发起机构 HarvardLawBFI（约 1046 万票）、Uniswap 赠款计划的负责人 Kenneth Ng（约 1025 万票），以及与 Uniswap 赠款计划、a16z、HarvardLawBFI 存在利益关联的 John Palmer（约 800 万票），排在这三者之后的是高校区块链组织及区块链教育组织（约 1300 万票）。这 7 个地址的总投票数约为 4171 万票，已经达到了 Uniswap 治理机制中“最终链上投票后超过 4000 万票即可成功通过”的标准，因此提案获得通过。然而 DeFi Education Fund 在获得赠款后并未遵守事先承诺的“这些资金预计将在未来 4 ~ 5 年分配”，而是在 2021 年 7 月 13 日一天内将 50 万个 UNI（Uniswap 的治理 Token）全盘抛售。

在这个事件发生后，Uniswap 的治理规则也遭受质疑，质疑者认为 Uniswap 的投票权过度集中，这是一个中心化的资本暴力事件。这种事件的发生在很大程度上打击了普通“散户”参与治理的积极性，这可能是目前在很多 DAO 中普通用户参与组织决策积极性低下的原因之一。[①]

为此，Vitalik Buterin 曾在 2021 年 8 月通过发布文章公布了多个解决方案。例如，使用非通证驱动的治理形式、基于声誉进行投票等。

---

① 根据链捕手在 2020 年 10 月底的统计，大部分项目在 7 ~ 10 月的提案数量均在 5 ~ 15 个，平均投票地址数在 100 个以下。SushiSwap（1014 个）、Gitcoin（787 个）、dYdX（670 个）等项目的投票地址数较多，平均投票地址数高于 500 个的项目仅有 6 个，在 100 ~ 500 个之间的项目为 15 个。

总之，在 DAO 发展的初期仍有各种各样的问题亟待解决。然而，这也是社会实践必须要面对的问题。回顾 DAO 的发展便可以看到，DAO 在一次次失败的经历中获得了经验，迅速成长。相信在未来，DAO 必然会在挑战和探索中继续成长。

07

第7章

Web3.0“把经济系统嵌入互联网里”

笔者选择在本书接近结尾的时候讨论 Web3.0 的经济是有特殊用意的。前面探讨了诸多与 Web3.0 相关的话题。比如，Web3.0 世界的基本元素、底层技术、表现形式，以及 Web3.0 对社会组织形式的影响，但是我们要透过表象继续向下深挖，思考什么是这些表象产生的根源。

从经济系统中寻找世界的改变根源已经植入了笔者的大脑。截至本书出版时，最合理的结论是，Web3.0 之始，源于经济底层的改变。借用 Paradigm 合伙人 Fred Ehrsam 的话说就是“有史以来区块链把经济系统第一次嵌入了互联网里”[①]。

Web3.0 将带来一种新的、更直接的、底层的经济体系。这种经济体系是通过包括智能合约、Token 及算法等区块链或者密码学技术实现的。这些技术实现了生产资料共享，从而改变了分配方式，由

① 这个结论出自 2017 年 Fred Ehrsam 和 a16z 的合伙人 Chris Dixon 的一次电台对话。当时，他还在世界上最大的加密数字货币交易所 Coinbase 工作。他们深入探讨了区块链对传统世界的影响。5 年过去了，这次 30 分钟的对话在今天看来依然发人深省。

此带来社交、工作、生活、娱乐等的一系列改变。

本章的主题是 Web3.0 对经济的影响，这也是这个新世界一切变化的开端。

Web3.0 的本质是生产资料共享

我一贯认为，如果一件事情用三句话说不清楚，那么要么这件事本身逻辑不通，要么讲故事的人没理解。如果要用一句话来解释 Web3.0 的本质，就是“Web3.0 的本质是生产资料共享”。

生产资料是生产过程中需要用到的资源。比如，代码作为生产必备的信息也是生产资料，用户数据如果需要被二次加工产生价值，那么也是生产资料。再如，公司的员工作为劳动力是一种生产资料，公司限制员工必须与本家公司绑定，不能兼职，离职后不能去与公司有竞争关系的对手公司工作，本质上就是为了垄断劳动力这种生产资料。

为什么共享生产资料这件事在以前很难实现？

主要的问题是生产资料的形式问题。实体生产资料（土地、石油、棉花等）的共享存在诸多限制，在传统经济中占有更多实体生产资料的组织往往可以获得更多先机。即使实施了共享生产，对于实体生产资料来说也很难将整个生产流程实现公开溯源，并且将贡献准确地映射到分配的流程。随着人类社会，特别是移动互联网的发展，越来越多的生产资料以无实体的方式存在。比如，代码、算法、知识产权等，以及在互联网中最重要的生产资料——用户数据。新的经济增长点越来越多地出现在了虚拟经济领域，再加上区块链技术的发展，为共享生产资料创造了可能性。

区块链技术使得 Web3.0 实现了核心数据共享（在第 3 章中，你应该已经了解了很多将数据上链的工具）。所谓的核心数据就是目前存储在链上的那些数据，在大多数情况下是指账户本身及与资产相关的数据。那么为什么不把所有的数据都上链呢？这里有两个原因，一个原因是目前链上的存储成本是比较高的，另一个原因是一些不太重要的数据没必要上链。

除了社交关系、虚拟资产这些原生于虚拟世界的数据，也有一些项目在致力于进行实体资产的上链，但是目前还没有很通用的协议，所以此处不做过多介绍。

Web3.0 带来的一切改变，都是从强制性的生产资料共享开始的。但是注意，生产资料共享并不意味着资产共享，或者说不意味着你的钱会变成别人的，而是原来那些被中心化平台霸占的、本来就应该属于全体互联网用户的数据被解放了出来。可以说，普通人在 Web3.0 中失去的只是枷锁，获得的将是整个世界。

分配写入网络底层

因为在 Web3.0 世界中生产资料共享，所以分配方式也随之发生了改变。过去由于缺乏量化标准和映射工具，生产资料转变为商品实现价值转化之后很难公平、公正地与分配挂钩，于是逼迫寡头占据更多生产资料以求获得有利的分配机会。现在，得益于区块链技术和 Token、智能合约的出现，分配这个步骤与生产资料一起被写进了网络中。

你可以把 Web3.0 想象成一个平面，生产资料、分配过程、交易活动都在这个平面中进行。

在传统互联网时代，虽然我们可以在各种网站上支付一定金额购买服务，或者在专门的购物网站选购商品，但是这种支付的流程其实是调用另外某种外部通道来实现的，而在 Web3.0 世界中，支付功能是网络原生自带的，通过各种 Token 来实现，让交易变得极其简单。经济活动其实就是由无数交易组合而成的，交易的简化让所有经济活动的成本都降低了。

每个人都参与的分配

在传统互联网里，用户只能作为付费方。虽然部分创作者可以在有分成模式的平台上获取些许创作收益，但是要默认同意平台高额分成（分成比例通常高达 50%）。对于没有创作能力的普通用户来说，虽然他们的注意力和数据等资源在被各种中心化平台销售变现，他们也在浏览各种平台的广告为平台创造广告收益，但是却不能从中获得分成。这一点在 Web3.0 世界完全不一样。

每个人都是消费者，也都是劳动者，都可以是终端受众，也可以作为中间商赚差价。你或许已经发现，本书在提到使用 Web3.0 的个人时，鲜有提及“用户”这个词，更倾向于使用“公民”。这是因为在 Web3.0 世界里“用户”的概念有所转变。

在 Web3.0 世界里，用户和开发者或者平台方之间的关系是对等的，即使是合约的开发者，在把合约发布到链上之后也不能对合约的关键信息进行修改，所以之前在传统互联网中出现的平台做大了就开始欺客的现象会改善很多。比如，某创作平台可能在初期吸引创作者时设定的分成比例是平台“抽水”10%，然而后期形成市场垄断之后可能就会修改为 50%。在 Web3.0 世界里，如果分成过程是用智能合约进行的，那么后续分成的比例是固定的，即使是平台方和这个分成合约的开发者也无法更改。

经常有人问，如果开发者在写合约时留了后门怎么办？ 其实现实情况是，Web3.0 世界的基本共识就是合约必须开源，接受所有人检验和监督。如果开发者留了后门，那么可能被轻易发现，并且通常当平台用户和资产达到一定体量后，用户会要求开发者聘请专业的审计公司对合约进行审计，即帮开发者找 Bug（程序漏洞）。退一万步来讲，如果开源和审计都没有解决后门问题，后期平台方一定要改规则做巨头，那么该平台的共识会迅速坍塌，用户就会快速流失。因为用户使用 Web3.0 接入方式，所有信息和资产都存在链上，所以用户可以在几乎没有任何损失的情况下转换别的平台使用，让不尊重去中心化共识的平台自取灭亡。

公众决议的分配

当某些规则已经不适用于市场的发展，必须要修改时，我们需要做什么？世界是发展的，总会有现有规则不适应新情况的时候。如果你读了第 6 章关于 DAO 的内容，就会发现 Web3.0 世界的决议越来越多地由 DAO 投票产生。如果约定的规则需要修改，那么需要有人提出方案，并且由 DAO 决定是否修改。

你可能觉得投票会流于形式，最终还是被既得利益者控制。现实情况是，越尊重社区意志的项目往往发展得越好，而搞“一言堂”的项目在社区共识崩塌之后会逐渐没落，任何破坏底层共识的行为都会导致项目价值崩坏，所以即便既得利益者可以控制项目的走向，他也不会轻易做出伤害社区共识的行为，因为他恰恰是项目的最大获益方。这意味着一旦共识崩塌、项目失败，他的损失就是最大的。

can't be evil

“don't be evil”（不作恶）源自谷歌的行为准则，在 2000 年左右由谷歌的一些员工提出，其中包括 Gmail 的创始人 Paul Buchheit 和工程师 Amit Patel。这句话的大概意思是公司不能利用自己的平台优势去压榨用户。在 2004 年谷歌上市前夕，创始人 Larry Page 和 Sergey Brin 发布了创始人公开信，其中对“don't be evil”的原则做了明确阐述：

“谷歌的用户相信我们的系统能帮助他们进行关于药品、金融和其他的重要决策。我们的搜索结果需要不带偏见并且客观，我们不接受改变搜索结果的付费。我们做广告，但是努力让广告（与用户）的相关性更高，并且明确标示它为广告。这与报纸的做法类似，广告需要被明确标示，并且文章不能被广告主的付费而影响观点。我们相信让每个人都享有最好的信息和搜索功能很重要，而不仅仅让用户看见那些付了推广费的信息。”

虽然谷歌正义凛然的宣告给它带来了众多拥护者，但近年来对谷歌背离其行为准则的声讨也时有发生。虽然褒贬不一，但是至少有一点可以确定，那就是仅凭初心来保障“don't be evil”在现实世界既难以贯彻执行，又难以让执行者自证清白。

早在 2019 年，a16z 的合伙人 Benedict Evans 就发表过一篇文章说移动互联网的时代已经结束了。当时，世界上超过 15 岁的人有 53 亿个，而拥有手机的人有 50 亿个，也就是说，具备手机使用能力的绝大多数人都已经有手机了，移动互联网增长的空间已经非常小了。随着移动互联网红利期的落幕，我们迎来了互联网巨头日益坚固的垄断和更残酷的竞争。大部分中心化平台都在进行一场无休止的零和博弈，抢夺用户、抢夺流量、垄断数据，然后“压榨”用户。这种模式其实是在鼓励屠龙者成为恶龙，把所有互联网平台逼到“be evil”（作恶）上。平台为了存活，需要互相残杀，筑起互联网高墙，相互隔绝，保证用户注意力和数据留存在自己的平台上。

随着 Web3.0 的兴起，新的经济体系让所有参与者都可以分配到公平的收益变成了可能。开源和开放把“don't be evil”变成了“can't be evil”（无法作恶）。Web3.0 世界的公民在互联网上的一切行为、社交关系、资产、内容等都归他们个人所有而不归平台所有，并且能跨平台实现全网互通。由智能合约保证的不作恶比维持初心要靠谱得多。前面提到的游戏公司强制删除或者恢复用户账户之类的事件在 Web3.0 世界里是不可能发生的，这是由底层代码决定的，而不是依靠游戏运营方的自觉性。

一些新词和旧词的新定义

介绍完意识形态，我们还要介绍一些具体的内容。普通人要想弄明白 Web3.0 时代的经济变化，首先需要理解一些熟悉的词语的新定义，以及一些新出现的词。

“价值”和“商品”

共识创造价值

价值是指凝结在商品中的无差别的人类劳动。这里有两个关键词，即商品和人类劳动。第一个是“商品”，这意味着只有可交易的以出售为目的而生产的标的才会有价值；第二个是“价值”，价值的本质是“人类劳动”，其大小是由社会必要劳动时间多少决定的。不过，随着社会的发展，人们对价值的理解受到了一些新观念的冲击。

在 Web3.0 世界里，一种新的创造价值的方式被提出并且被实践，即建立共识就是创造价值。如果你觉得无法理解 Web3.0 世界中某种商品的价值（比如，各种 NFT 的价值），那么可能只是因为你不属于它的共识群体（这种现象在 Web3.0 圈内通常被称为 NGMI，即 Not Gonna Make It，意思是“你不行”）。

Meme 而来的价值

共识，以及建立共识创造价值，乍一听可能过于虚幻，甚至在一些人的印象里似乎经常被用于传销话术。其实这个思想的前身可以追溯到 Meme。Meme 源自希腊文 mimeme（模仿）。英国演化生物学学者理查德·道金斯在著作《自私的基因》中创造了这个词，并且为了与基因（Gene）一词类似，将其缩短为 Meme。Meme 有时被翻译成模因，但在非学术场景中通常直接用 Meme。这个词大概指的是由于互相模仿使得某种风格、思想、行为等在群体中传播，有点类似于网络语言“人传人”现象。Web3.0 圈内经常用“Meme 起来了”来表达一种共识的广泛传播，最近一次以 Meme 为主题的热潮发生在 2021 年，Dogecoin 就是最著名的案例。Dogecoin 官网的首页如图 7-1 所示。

图 7-1

你可能没有听说过 Dogecoin，但是应该对 Doge（日本柴犬形象）的表情包非常熟悉。Dogecoin 诞生于 2013 年，起源于 Doge 的 Meme，经历漫长的发展，在其最大“粉头”、特斯拉创始人马斯克的推动下于 2021 年达到高峰。马斯克经常在推特上发表支持 Dogecoin 的相关言论，每次都能引起其价格上涨，同时，他也因此受到了很多指责。图 7-2 为马斯克在 2022 年 1 月 25 发布的推特消息，“如果麦当劳接受 Dogecoin 支付，我就直播吃开心套餐”。

图 7-2

对于 Dogecoin 是否具有价值、价值几何，每个人都可能有不同的观点。有人说 Dogecoin 的诞生带有对比特币和区块链圈子投机氛围的嘲讽，也有人说 Dogecoin 是传播友好、分享、感恩、互助等优质文化的良好载体，同时也有人觉得它纯属“空气币”，只是“割韭菜”，毫无实际价值。虽然观点不一，但客观现实是 Dogecoin 在市场上确实具备了某种价值。截至 2022 年 1 月 25 日，Dogecoin 的总市值约为 188 亿美元。

Meme 是与主流文化强挂钩的，并且烙刻在这个文化群体每个成员的灵魂深处。Meme 的共情能力没有门槛，比任何 IP 都要广泛；如果某个 Meme 足够成功，那么可以打破文化的界限，成为全球现象级的 Meme。Dogecoin 的发展恰恰印证了这一点。

以太坊上的 NFT 是正统的共识

现在有一种说法是，发行在以太坊上的 NFT 才是正统的，这也是共识决定的价值基础体现。

对这种价值的认可不依赖于任何中心化的背书，而是源于纯粹的去中心化产生的文化思潮，逐渐形成了 Web3.0 时代现象级的、类似于定理的认知。

总之，这种由共识而生的价值更容易被年轻一代认可，成为他们表达观点、宣泄情绪的一种方式。

商品

Web3.0 也催生了很多新商品，NFT 就是最好的案例。

有一些 NFT 种类在传统世界里还是可以找到前身的，比如加密艺术品、游戏道具卡牌、虚拟土地等，但是 Avatar（头像）这类 NFT 在传统世界里真的是闻所未闻。明星花上百万元买头像已经屡见不鲜，同时越来越多的普通人也在加入买头像的大军。虽然可以使用图片作为头像，并不需要真正购买，但是还是有人愿意为之付费。当然，有很多人认为这只是炒作、“割韭菜”、击鼓传花，实际上这些头像只是图片，并不具备实际价值，更不应该被称为商品。

虽然有诸多反对的声音，但 NFT 作为商品的接受程度在迅速提高。真实的市场正在告诉人们，NFT 已经成为一种商品了。世界最大的 NFT 交易平台 OpenSea 仅在 2021 年 12 月一个月内在以太坊上的交易额就达到了 43 亿美元，如图 7-3 所示。

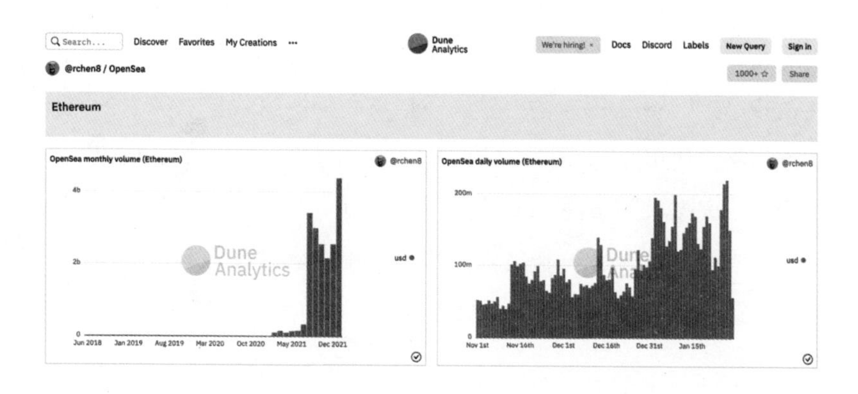

图 7-3

Token

定义

Token 并非一个新词，在计算机身份认证中代表令牌或者标记，一般用于邀请、登录系统。我们可以简单地将其理解为某种权限的凭证。在区块链里，Token 代表的是一种基于智能合约发出的价值流转载体，而这个价值可以是某种信息、数据、资产，或者某种权限。有中文材料把 Token 翻译成通证，但其实在圈内更普遍的做法是直接使用“Token”这个单词。

同时，还有很多词语容易与 Token 混淆，比如“代币”“虚拟币”

“Crypto Currency”。

“代币”和“虚拟币”通常是一种不太严谨但是又经常被圈外使用的非规范性口语表达，主要是因为使用者并不能够区分“Token”“Coin”与“Currency”的差别，所以将一切与区块链有关系的流通凭证都叫“代币”。又因为这种“代币”看不见、摸不到，所以经常被称为“虚拟币”。这种表述其实很不准确。同时，市场热度和财富效应也给了不法分子可乘之机。他们利用大众对其理解得不清楚，挂羊头卖狗肉，诈骗的骗局屡见不鲜，让大众对于 Token 存在一些误解。

Coin 通常指的是一种不具备合约拓展功能、只具备交易属性的链上价值流通载体，最为大家熟知的例子就是比特币（Bitcoin），以及前面提到的 Dogecoin。

Currency 直译为货币，而 Crypto Currency（数字货币）则是特指有货币属性的那些 Token 或者 Coin。比如，美国泰达公司发行的 1∶1 锚定美元的 USDT 稳定币。各个国家和地区对数字货币的监管要求不同，所以它在某些监管较为严格的国家和地区可能处于明确的合规或者违法状态，而在一些尚存立法空白的地区则可能处于灰色地带。

除了流转，Token 通常还必须具备某种功能，这点在接下来的分类部分会进行介绍。

分类

按照不同标准，Token 可以有不同的分类。虽然本书的观点是分类的实际价值不大，但分类学习确实是一种有助于快速入门的方法。本着科普的原则，本书并不会对概念性分类做具体描述，只是从“是或否”的角度来简易区分，方便理解。

（1）是否同质化或可分割

是否可分割指的是 Token 是否可以被无限地分割成小于 1 的单位。比如，0.1 个、0.005 个等。Fungible Token（同质化 Token，FT）是可分割的，并且每一个 Token 之间没有任何区别；None Fungible Token（NFT）则是不可分割的，并且每个 Token 都不相同，即使它们的表现形式是一样的，但其实它们也是不同的个体，且可以被赋予不同的功能。

（2）是否原生

在公链诞生之时起就存在并代表这条公链上某种网络资源、在公链上进行活动需要消耗的 Token 通常被称为原生 Token。比如，ETH 之于 Etherem，CFX 之于 Conflux，SOL 之于 Solana。非原生 Token 无法直接用于交换网络资源。非原生 Token 的一切流转行为也需要花费原生 Token 作为 gas。

（3）是否具备某种实际的功能

有一些 Token 虽然非原生的，不能用于支付 gas，但是可以用于交换其协议的某种服务，因而也具备了经济价值，这种 Token 可以被归类为协议（Protocol）Token。比如，使用 Chainlink 的某些服务就需要花费其协议 Token“Link”。

那些不具备实际功能的 Token，往往会以治理（Governance）Token 的形式存在，通俗地讲就是可以用来投票决定社区事务。

有些 Token 具备分润功能，比如有的项目会承诺将链外利润的一部分用于购买 Token 并销毁，从而将项目运营的价值注入 Token，各个去中心化交易平台的平台 Token 往往如此。

还有一种 Token 其实什么作用都没有，只是为了某种理念而发行，比如 ConstitutionDAO 发行的 People，只要捐钱就可以按比例获得。其神奇之处就在于，虽然这种 Token 本身并没有为某种功能或者场景而设计，但是某个“路人”却有可能为它设计场景，而其社区理念和共识也映射在其经济价值上并影响其价格。

需要说明的是，一个 Token 可能会有多种功能，所以硬要分类意义不大。Token 作为一种新兴事物，与现行的经济体制难免有不兼容之处，也免不了被有心之人利用做违法犯罪之事，所以大家要在各地法律范围内对其审慎看待、合规参与，即使在合规的范围内也需要提高警惕、防范风险。

作用

你还记得本章开头引用的 Fred Ehrsam 的经典语句吗?

“有史以来区块链把经济系统第一次嵌入了互联网里。”

读到这里，你应该已经非常清楚了。Token 作为资产（或者说数据、行为、信息）的载体，在区块链网络上流转并形成新的数据，创造新的价值，把互联网和经济系统膜化成一个维度，从而改变了经济底层之上的一切活动形态。

去中心化金融（DeFi）

Decentralized Finance 是去中心化金融，通常被缩写为 DeFi。如果你知道这个缩略词的英文原文是什么，那么肯定不会读错。Web3.0 圈内玩家通常在听到有人把这个新造单词读错时就会将其归类于外行。

DeFi 是一种不由任何人控制，基于公链提供的点对点的金融服务。

通过 DeFi，你可以快速地享受绝大多数的银行服务（例如，借贷、购买保险、理财、衍生品交易、资产交易等）且不需要任何材料证明。得益于密码学和区块链技术，DeFi 本身就是点对点、全球化、平等地面向这个世界上所有人的超级“银行”。

DeFi 与传统金融提供的大多数服务相同，但两者的核心区别是 DeFi 以技术作为信任背书而非传统金融依赖的中心化的第三方机构。从人类的发展历程来看，最开始人们使用黄金、白银作为等价交换物，但是贵金属携带不便，于是逐渐产生了代保管贵金属的第三方——钱庄，让用户在存入贵金属后可以用银票作为票据在市场上进行交易。钱庄模式的弊端很明显：钱庄可以把张三存入的黄金借给李四，李四再把黄金存回钱庄可以得到银票，这时一份黄金产生了两份黄金的“价值”，并且钱庄可以多次同样操作让一份黄金产生多份黄金的“价值”，最终产生“金融危机”。这个弊端同样存在于今天的金融市场。由于互联网的诞生，实体的银票变为信息化的数据，但本质问题并没有得到彻底解决，那就是第三方金融机构的信任问题。

DeFi 的出现真正地从底层技术上解决了第三方的信任问题，所以区块链技术在《经济学人》杂志上被称为“信任的机器”。有了 DeFi，货币和银行基础架构不再为某个中心化实体所有，而是真正属于所有的市场参与者。

下面列举 DeFi 的几个常见案例，帮助你理解这个概念。

去中心化交易所：以 Uniswap 为例

就像我们在出生时就已经有了工业化使用的火与电，所以很难想象没有火与电的世界如何运作一样，DeFi 的新用户们可能也很难想象在基于 AMM（Automated Market Maker，自动做市商）的去中心化交易所（Decentralized Exchange，DEX）被提出之前交易都是以什么方式进行的。在一个新世界被开拓之时，涌入新世界的开拓者们往往会依赖自己已有的认知尝试运作，我们也可以从简短的 Web3.0 开发史中看到旧时代的历史重演。

订单簿时代

在通证经济开启之初，开拓者们延续以物换物时代遗留下来的运作规则，提出了订单簿（Orderbook）的运作模式，即平台基于买家与卖家的报价匹配交易。这样的方式当然利弊并存。从形式上来看，这是一个轻启动的运作方式：中间商提供匹配服务，服务商并不需要任何资金储备。

对于服务商，其弊端是显而易见的。主要的问题在于用户数量。这里的用户数量可以分为两部分讨论。第一是总体量，即总共有多少人使用这个服务商的服务；第二是特定 Token 的交易深度，即有多少人愿意买卖这个特定的 Token。热门 Token 的交易深度肯定比冷门 Token 的交易深度深得多，这就体现在买家与卖家对热门 Token 的出价差可能是以小数点后几位运作的，而冷门 Token 可能是以个位乃至十位运作的，从而造成市场极度不稳定。

订单簿模式并不能保证任何 Token 都能交易。在这样的情况下，Uniswap 的创始人 Hayden Adams 以独创的 AMM 为大家打开了全新的 Token 市场。

AMM 时代

Hayden Adams 提出的理念是，建立一个商铺，还是基于以物换物的逻辑之上，不过商铺有以下不同。

（1）所有人都可以为任意商品建立或提供流动性，即存入一定数量的 Token 和与其等价数量的另一种 Token。

（2）为了激励所有人参与商铺的运营，商铺的流动性提供者将会收到根据自己提供的流动性在总流动性中的占比所计算出的服务费分成。

Uniswap 作为平台还会额外提供跨流动性互换，即根据价格计算最短交易路径，为更多 Token 提供交易的可能性。与订单簿模式的匹配机制相比，AMM 通过激励用户提供流动性的方式尝试解决交易深度的问题。

如此具有创新性的想法，是由 Hayden Adams 提出的。在一开始做 Uniswap 的时候，他的团队也是一个没有自带任何资本的团队。整个项目的发起基于以太坊论坛上的一个帖子，当时在以太坊网络上有实用性的 DApp 还不多。Vitalik Buterin 作为 Hayden Adams 的“伯乐”，在看到这个有创新性的想法时，通过以太坊基金会的名义给予 Uniswap 团队鼎力支持。第 2 章中提到的顶级资本 Paradigm 也在早期押注 Uniswap，从此一战成名。对于后来的故事，Web3.0 OG 们都知道了。Uniswap 的官网截图如图 7-4 所示。

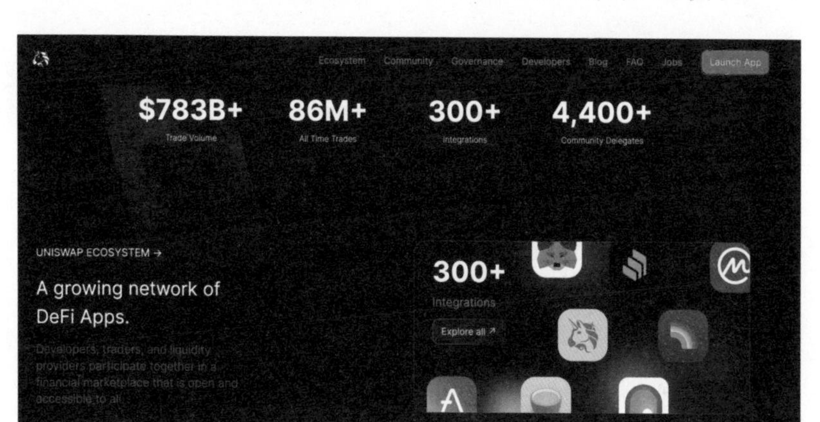

图 7-4

由此，一个 Web3.0 的新篇章开启了。经历过 DeFi 崛起的人绝对不会怀疑为什么认为 Uniswap 的诞生是 Web3.0 的重大历史拐点——其带来的巨大财富效应让更多用户和资金涌入 Web3.0 的世界，从此开启了一个 DeFi 时代，给以太坊和比特币的价值增加带来了巨大的助力。

DeFi 借贷协议

DeFi 借贷平台旨在以无信任的方式提供加密资产贷款，即没有中介机构，允许用户在平台上征集他们的加密资产用于借贷。贷款人（把资金借出去的一方）可以将资金借给别人以赚取利息，借款人（通过平台借入资金的一方）则可以不经过中介方而通过去中心化协议直接获得贷款。截至目前，绝大部分的 DeFi 借贷平台基本上采用的都是抵押贷款方式，也就是说用户可以通过超额抵押自己的数字资产从而借出另一种资产。DeFi 借贷平台会通过借款人的 Token

余额、市场流动性、交易所利率等参数计算出其借款能力，当借款金额超过借款能力时，借款人将被自动清算。

在整个 DeFi 世界中，DeFi 借贷平台扮演了一个极其重要的角色，更是整个 DeFi 体系里的基石。它不仅代表了现实世界里的金融系统，可以了解各类用户的资金需求，还提供了用户间相互融通资金的平台。

与传统借贷相比，DeFi 借贷提供了更高的透明度，在不涉及任何第三方的情况下，每一个资金转移过程都保持了高效率。它提供了最直接的借贷过程，借款人只需要拥有一个区块链钱包，并在 DeFi 借贷平台上进行操作，剩下的交给智能合约执行就可以了。

例如，用户选择抵押 1000 美元的资产，可以借出 800 美元的其他资产。从流程上来看，这与传统借贷并没有本质的区别。只不过在传统借贷中，抵押的都是非流动性资产，如房子、汽车等，再借出高流动性资产，而在 DeFi 的抵押借贷中，抵押和借贷的皆是高流动性资产。

那么 DeFi 应用（或者协议）是如何吸引用户的呢？以 Compound 平台为例，作为借贷龙头，Compound 协议不仅提供了高额的抵押利率，还创造了流动性收益模式。用户不管是贷款还是借款，都可以通过添加总协议的资产流动性来获得平台治理 Token 的奖励。在某些时期，即使纯借款用户，在扣除借款利息后，也能获得净收益，因此吸引了众多用户参与。

DeFi 借贷或许在未来会彻底颠覆传统银行业，发放贷款的主体将会从大型金融机构变成散户，贷款的抵押率和信贷市场规模会大幅上升，新的机制会自动规避市场下行风险。它们将降低市场准入门槛并缩短贷款流程，让所有人都可以在市场中发放贷款以赚取利息。

去中心化衍生品平台

随着加密金融的发展，去中心化衍生品的出现是合情合理的。衍生品是成熟的金融体系的关键要素之一，它提供了两个核心用途：对冲和投机。

每一个不断发展的金融市场都带有风险，套期保值（对冲）可以管理金融风险，而投机则给市场带来更大的流动性。在这个不断发展的过程中，配套的衍生品平台不断地出现来满足这些需求。例如，Synthetix。

Synthetix 是一个去中心化的衍生品平台。Synthetix 用户可以抵押平台的原生 Token SNX，并生成合成资产，其中包含法定货币、虚拟货币、大宗商品等各类资产。这些合成资产的交易者或投资者可以在不实际持有资产的情况下进行交易或投资，比如使用加密货币持有美股资产，合成资产在进行掉期时，价值也紧盯标的资产的市场价值。

去中心化衍生品是一个非常有潜力的赛道，几乎任何人都可以以无须许可和开放的方式创建，整个赛道都将因为 DeFi 的市场规模持续增大而带来更大的创新，最终可能会比其基础市场大一个数量级。

收益聚合器

有了以上三个基本构件，DeFi 就可以搭积木了，一个最直接的例子就是收益聚合器。不管是上述的去中心化交易所还是借贷协议，用户都能通过借贷、提供流动性或者质押的方式获得收益，因为各类协议会使用它们的治理 Token 作为奖励来激励用户提供流动性。

由于存在各式各样的平台和协议，用户在手动寻找的过程中，不仅可能会感到无趣，而且收益也很难达到理论上的最大值。我们想象一下，一个普通用户在提供流动性的时候，通常流程如下：

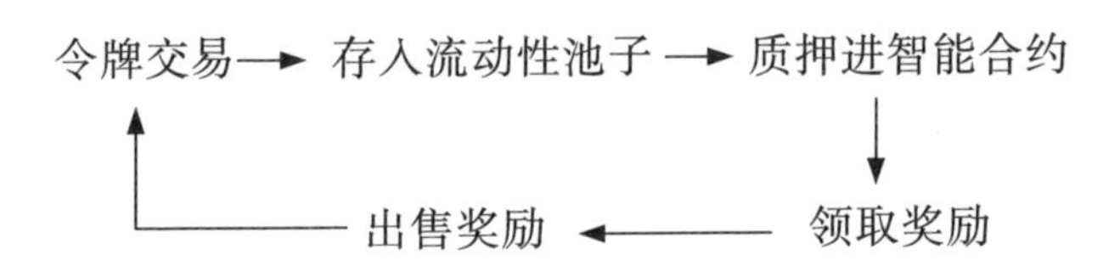

用户在不断重复以上操作的过程中，不仅消耗了大量的时间，还需要重复支付高昂的 gas。

收益聚合器在很大程度上解决了这个问题，它不仅通过协议帮助用户实现利润最大化，还在寻找最佳交易时简化并改善了用户体验。用户只需要在收益聚合器上进行简单的存款和取款操作，两者之间的其他操作（包括计算利息、质押、出售奖励等）都由收益聚合器完成。

DeFi 聚合平台：DeBank

DeBank 首先是一个信息聚合平台，其次是一个 DeFi 项目的信息聚合平台。当处理海量 DeFi 信息时，你无须打开每一个项目的主页、应用、社群，在一个聚合平台上可以查看几乎所有项目的最新情况，及时进行理财操作，甚至可以查看项目细分类别的排行榜。这一理念在其浏览器插件钱包 Rabby 上体现得淋漓尽致。Rabby 的产品界面如图 7-5 所示。

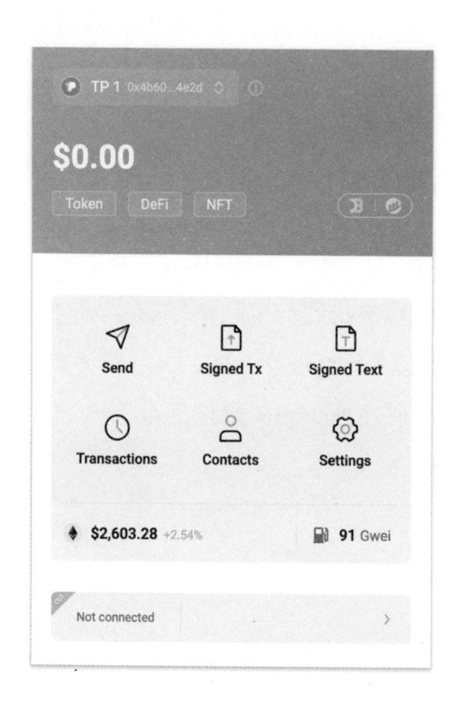

图 7-5

乍一看 Rabby 与以太坊通用钱包 MetaMask（也称“小狐狸”）

如出一辙，其实内藏乾坤。Rabby 不仅支持在 Web2.0 常见的扫码授权登录，其插件钱包里还集成了 DeFi 协议聚合器、NFT 收藏盒子，甚至还有联系人模块，俨然将原本功能单一的小狐狸扩展成了形如微信一般的流量入口。在可以预见的将来，单一基础功能型应用会越来越少，集成类、聚合式、多元化、可定制的应用平台将逐渐走上历史舞台。

另外，随着 DeFi 的发展，DeFi 与监管的平衡必将是近三年的重要话题。DeBank 这种信息聚合平台很可能在纳税的监管方面发挥作用，或许会走上“合规”道路。

安全与合规提示

需要特别说明的是，虽然 DeFi 作为一种创新的金融活动集合吸引了众多关注，但新事物的产生往往伴随着与传统的矛盾冲突和各种借名骗术的兴起。在此要特别提醒，DeFi 行为需要在符合当地（项目方注册地及用户所在地）相关规定的范围内进行，同时亦须防范各类假借其名的骗局。

产品形态

一个成功的项目并不需要百万级的用户或者大量员工

在 Web3.0 世界里，想要做事变得非常简单。在传统互联网阶段，我们习惯于把这种行为称为“创业”，然而这个词已经不再适用于 Web3.0 世界了。

以前想创业，你可能需要先租办公室，然后组建团队（包括开发、运营、商务等人员）。你不仅需要生产产品，还需要完成产品的推广，以及公司合规化的事务，比如税务、法律、消防等方面的工作。每一次产品往前走一小步，其实随之而来的就是成本的增加。这也是为什么大多数“大产品”都是“大厂”做出来的，因为繁重的负担导致“小厂”很难做出来“大产品”；或许一个“小产品”可以成长为“大产品”，但是到了那时创业公司也早已成为上市企业了。以前大家会认为只有用户规模庞大的公司才有价值，很多互联网应用会用自己的用户体量作为衡量其商业价值的标准，都在追求百万、千万乃至亿级的用户体量。如果一个互联网应用的注册用户只有几千人，那么它基本上不会被认为是一个成功的应用。这种经济模式其实是由 Web2.0 世界的分配方式决定的，企业必须抢占市场、抓住用户、吸引足够多的流量、沉淀足够其存活的数据，从而养活自己的员工。

我们还发现，Web2.0 产品会越做越大。当一个产品成为平台时，它就开始增加越来越多的功能。比如，打车平台也会加入金融功能，甚至卖水果、卖保险。

Web3.0 世界则完全不一样。我们已经见证了很多团队只有几个人却经营了市值高达数十亿元的公司的案例。随着 DAO 的发展，到后期团队甚至可以彻底退出，将项目交由社区来维持运行（比如，

MakerDAO）。分布式办公在 Web3.0 圈子里也很常见，很多项目并没有线下办公地点，大家可以在家里工作，在线上交流，跨国办公非常普遍。同时，项目也不再需要百万级的用户体量就可以有巨大的影响力。比如，根据灰度基金的元宇宙报告，到 2021 年 12 月，全球活跃的元宇宙玩家地址一共约有 50 000 个，但是这些人一周的交易额就超过 1 亿美元。

Uniswap

目前，最著名的 Uniswap 交易所日活只有几千，资产却已经接近 30 亿美元，如图 7-6 所示。

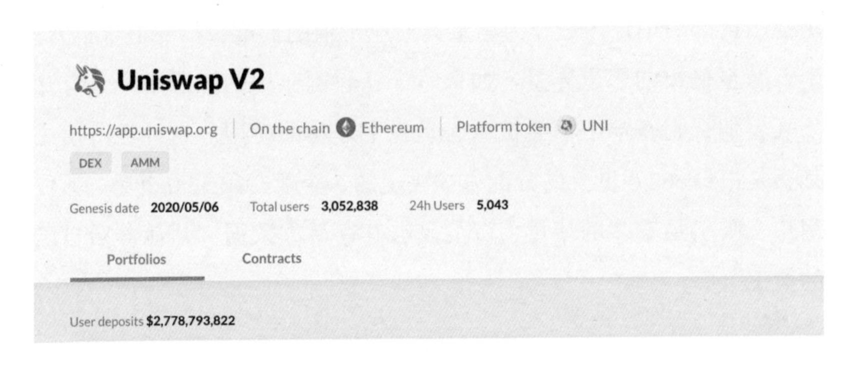

图 7-6

NFT 项目

NFT 项目的特性是从最开始它的持有人数量就是限定的。如果这个项目发行 10 000 个 NFT，那么最多只有 10 000 个人能同时与这个项目产生直接联系。事实上，大多数比较成功的项目的持有人数量和 NFT 的发行数量的比例只能达到 50%左右，也就是说一个发行 10 000 个 NFT 的项目可能只有几千个持有人（因为有些地址会不止持有一个 NFT），但是却可以发展到上亿美元的市值。同时，NFT 项目往往只需要几个核心的创始人就可以发起，后期完全可以转向社区运营，创始人可以去做新的项目，创造更多价值。OpenSea 网站上的 NFT 项目的排行榜如图 7-7 所示。

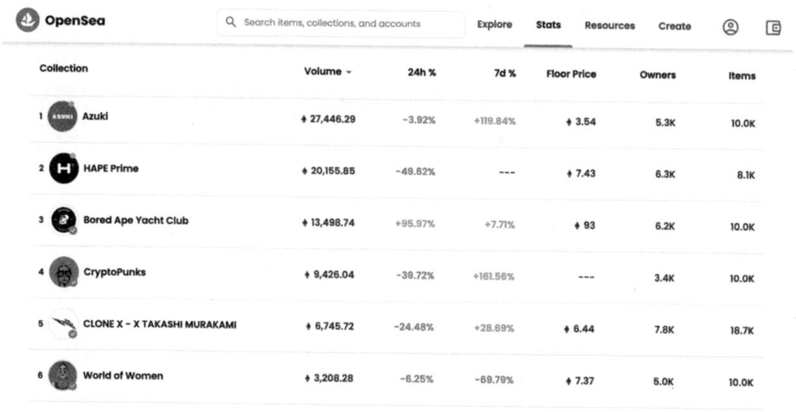

OpenSea　Search items, collections, and accounts　Explore　Stats　Resources　Create

	Collection	Volume	24h %	7d %	Floor Price	Owners	Items
1	Azuki	♦ 27,446.29	-3.92%	+119.84%	♦ 3.54	5.3K	10.0K
2	HAPE Prime	♦ 20,155.85	-49.62%	---	♦ 7.43	6.3K	8.1K
3	Bored Ape Yacht Club	♦ 13,498.74	+95.97%	+7.71%	♦ 93	6.2K	10.0K
4	CryptoPunks	♦ 9,426.04	-39.72%	+161.56%	---	3.4K	10.0K
5	CLONE X - X TAKASHI MURAKAMI	♦ 6,745.72	-24.48%	+28.69%	♦ 6.44	7.8K	18.7K
6	World of Women	♦ 3,208.28	-6.25%	-69.79%	♦ 7.37	5.0K	10.0K

图 7-7

也有一些无良的 NFT 项目方将“把项目还给社区”变成了一种圈钱跑路的手段，这还是需要鉴别的，但这不属于本书的讨论范围，此处不再赘述。

开发者：解放创新

在传统互联网中，用户一方面代表使用产品的 C 端个体，另一方面也代表某种归属于平台的资产，程序员们在“中心化的大平台上做事情，脑袋上容易有天花板，脖子上容易有断头铡”[①]。Web3.0 世界的底层逻辑是开放共享，没有哪个平台能将数据和用户信息垄断或者搭建所谓的互联网高墙花园[②]，更不可能有人跳出来关闭你的服务或者限制你的产品的发展。这一点无论是对应用开发者还是对内容创作者来说都无疑是史无前例的解放。

RSS3 的创始人 Joshua 在万向区块链蜂巢研习社第 71 期的分享中提到，他觉得 Web3.0 让人激动的一点是不限制应用创新，因为在 Web2.0 时代数据是被巨头占有的，创新是被压制的，特别是在用户体验上的创新。新的应用很难与已经拥有极大数据量的大平台竞争，这意味着移动互联网越发展到后期就越难有优秀的应用出现，因为它们不会再有能力和机会来积攒足够的数据了。这种令人惋惜的案例屡见不鲜。

2021 年年中，一个叫“李跳跳”的安卓应用火了一阵，被用户称为“开屏广告终结者”。它是一个站在用户的角度优化体验的轻应

---

① 来自 Fred Ehrsam 在 2017 年的一次电台对话，翻译内容来自微信公众号“橙皮书”于 2018 年 4 月发布的标题为《对话 Coinbase 创始人和投资人：我们所有的知识都来自现有事物，但区块链是让你创造新东西的》的文章。

② 高墙花园：指将用户通过技术、信息等垄断在自己的经济生态内。

用，逻辑简单，无须联网使用，甚至不用付费，全靠用户捐款。李跳跳的作用是调用手机的辅助模式帮助用户更快、更精准地点击那个被各个应用的产品经理精心缩小到人手无法准确点击的跳过广告按钮。手机应用产品为什么要把跳过广告按钮设计得如此小呢？更有甚者还要让用户必须看满 3 秒才能跳过。当然，这是为了让用户点错从而提高广告的点击率。开屏广告现在是很多应用的一项重要收入来源，虽然国家已经在整治泛滥的开屏广告，但实际上大多数移动互联网的用户可能每天还在接受数十次开屏广告的“摧残”（取决于用户每天打开多少次应用）。做广告业务和追求产品的商业价值是可以理解的，但是在不让用户可以付费关闭广告的前提下，把唯一的跳过广告按钮故意设计得极小从而使用户点错，实在过分。

可想而知，李跳跳这样的应用是不可能被巨头们允许存在的，从 2021 年 11 月起这个应用在各大应用商店被下架了（甚至在一些平台上被列为“危险软件”）。

李跳跳被下架不是个案，在 Web2.0 世界里有很多类似于李跳跳这种站在用户利益方面被巨头封杀的应用，垄断和隔绝是 Web2.0 世界的必然宿命，因为这是由 Web2.0 世界的生产资料归属及分配方式决定的。在 Web3.0 的世界里，应用的数据是公开的，任何应用或者开发者都可以利用这些数据进行应用创新，用户会有更好的体验、更新奇的玩法，应用方将迎来公平竞争、开放包容、利他共荣的市场环境。这很重要！

08

第 8 章

Web3.0 时代的个人与群体

关于我是谁，公钥会给出答案

有些人可能会觉得奇怪，那些很火的 NFT 不就是一个头像吗？直接截图自己上传不就完了？或者想不明白这有什么用？这种不同的观点恰恰体现了 Web2.0 和 Web3.0 之间非常明显的观念鸿沟。

很多人说 Web3.0 用户大多为年轻人，笔者觉得这个说法不准确。事实上，Web3.0 模糊了年龄层。之所以人们有一种 Web3.0 都是年轻人玩这种错觉，恰恰是因为在 Web3.0 里年龄并不是一个重要标签。

Web3.0 中有一个现象是大家可能不会经常改变自己的网名。在现实生活中，在使用社交媒体时，你可能会根据心情修改自己的昵称，这是因为社会共识是在现实生活中的身份更重要，大家会觉得网上的身份是随时可以变换的，而个人特征的锚点在于现实身份的映射。你会发现在 Web3.0 社交体系里大家通常不会轻易修改自己的昵称或者 ID，因为网上的虚拟身份已经逐渐变得比现实身份更重要了。大家可能不会关注彼此在现实生活中的身份是什么，只会看他掌握的 Web3.0 地址曾经做过什么事。

DID

DID 是 Decentralized ID 的简写，意思是去中心化的身份识别系统，说得更直白就是可以登录多个平台的去中心化账户，也经常被称为“钱包地址”。需要注意的是，虽然 Web3.0 玩家经常把 DID 简称为“钱包”，但是这个钱包并不是指第 2 章中提到的那些钱包应用，而是指一个可以登录不同钱包应用的、固定的 Web3.0 账户。

在 Web2.0 的世界里，我们已经被各种账户系统反复折磨，不同的平台有不同的账户名，要设置不同的密码，当然也可以使用同一套账户名和密码，但是这会带来安全风险。假如一个平台的账户名和密码泄露了，那么在多个平台上的账户名和密码就全泄露了。后期为了方便用户登录，当然也基于监管要求，以及更全面地收集用户资料的目的，很多平台推出了用手机号一键登录。虽然在不同平台上使用的是相同的手机号，但是其背后绑定的也是互相不独立的隔绝账户，每个平台的信息、历史行为和资产并不互通。Web2.0 时代的账户并不属于用户个人，而是属于平台，平台有权对账户进行封禁、回收甚至删除等。封号和禁言之类的操作大家已经不陌生，2021 年下半年在游戏圈里也出现了用户想要删号但被游戏方强制找回的情况，也就是说平台不仅能强制用户删号，还能强制用户不删号，这在当时引发了一场关于用户权利的大讨论。

Web3.0 世界的账户概念完全不同，早期的 Web3.0 账户就是圈内俗称的钱包地址，其实就是一个不对称加密的公私钥对，公钥就是俗称的钱包地址，是公开可见的，而私钥掌握在 Web3.0 地址的持有人手中。任何知道私钥的人都可以任意处置这个账户的资产，一旦私钥丢失就没有任何途径可以找回（除非量子计算机出现），这一特征也形成了普通人踏入 Web3.0 世界的第一个门槛。

私钥举例：

18e14a7b6a307f426a94f8114701e7c8e774e7f9a47e2c2035db29a206321725

公钥举例：

0x1016f75c54c607f082ae6b0881fac0abeda21781

Web3.0 DID 具有以下特点。

（1）全网通用。只需要一个公私钥对即可访问所有的同构公链生态。

（2）自主控制。任何人都无法染指一个 Web3.0 公民的 DID，除非有对应的私钥。同时，这也意味着如果私钥丢失，那么这个 Web3.0 账户就永久丢失了。

（3）长久有效。Web3.0 账户一旦创建，就无法删号，只能弃用，而账户上的交互信息永久保存在区块链上，无法被删除。

（4）可迁移。用户可以轻易“携号转网”，因为账户的关键信息记录在区块链上而非某个平台上（也有一些非关键信息不上链，这样就无法完成携号迁移）。

在 Web3.0 世界里，账户成了真实世界的个体在区块链上的映射，或者说，一维化的化身，而不再是 Web2.0 时代免费借用中心化平台资源的凭证，但是以公钥地址形式存在的 DID 也存在一些局限性：在金融领域勉强可以用一个随机的字符串满足使用需求，但是如果在社交领域还是用一串字符来代表个人身份未免太过烦琐、表达单一。因此，优化钱包地址表达的 DID 赛道板块诞生了，而其中的“老大哥”就是 ENS。

举例：ENS

ENS（Ethereum Name Service，以太坊域名服务）诞生于 2017 年，并于 2019 年上线正式版。这个项目起源于以太坊基金会，后来才独立出来。因为早期得到过以太坊基金会的 100 万美元拨款，以及有稳定的租金收入带来现金流，所以该项目一直没有融资或者发行 Token。直到 2021 年 11 月，ENS 终于发行 Token，并且将 50%都空投（Airdrop）[①]给了早期贡献者和用户（购买过 ENS 的人），空投数量之巨大当时震惊了整个 Web3.0 世界。ENS 的官方网站如图 8-1 所示。

那么 ENS 到底是做什么的？

如果你对互联网有一定的了解，那么应该听说过 DNS（Domain Name System）。这是现在 Web2.0 网络中使用的域名系统。大家熟知的 baidu.com、google.com 就是域名。你可以简单地把 ENS 理解为网

---

① 在 Web3.0 世界里通常指的是一种无偿分发 Token 的形式。

络上的域名系统。

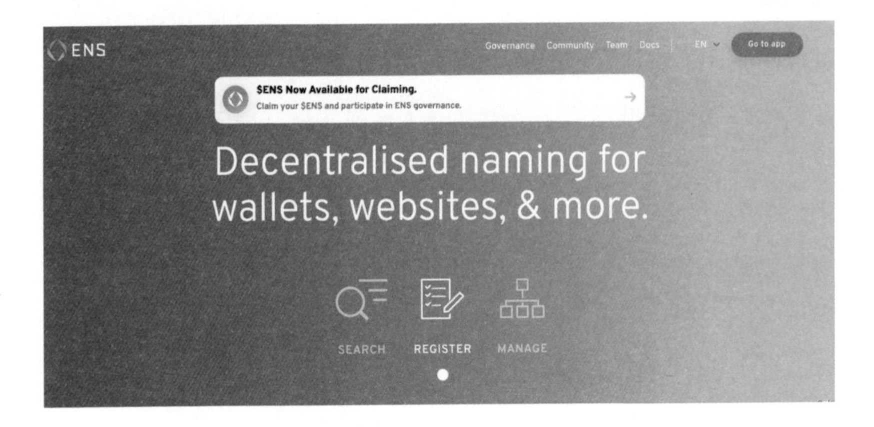

图 8-1

拥有 ETH 地址的 Web3.0 公民可以支付一点儿费用注册一个属于自己的 ENS 域名，然后可以选择反向解析，把自己的 ETH 公钥地址和 ENS 域名绑定。这样，在 Web3.0 世界中就可以用人类可读的域名而非用一长串无意义的随机字母和数字作为自己 Web3.0 身份的象征。公钥地址和 ENS 域名的区别类似于由系统随分配的数字串组成的 QQ 号和自定义字符的微信号的区别。

在 ENS 火起来之前，通常 Web3.0 公民是以钱包地址的后四位来区别不同地址的，这样显然会带来一些问题，比如不好记忆，很少有人能把自己的公钥地址背会，再如可能会“看花眼”带来一些不必要的麻烦，以及缺少一些人文元素，不能满足 Web3.0 公民表达个性的需求。就像传统互联网世界中的域名一样，ENS 让人们对特定地址的识别更加简单。

（1）Web3.0 身份识别。ENS 域名被看作 Web3.0 身份的一种象征，圈内玩家在查看一个 Web3.0 地址时如果发现这个地址持有 ENS 域名，则往往会认为这个人还是稍微懂行的。一些 Web3.0 项目也会把持有并反向解析 ENS 域名作为一种 KYC（用户基本信息）的标准来识别更深度的 Web3.0 使用者。

（2）整合链上和链外的世界。早期的 ENS 域名只有.eth，不过在 2021 年 8 月创始团队上线了 DNS 域名（比如.com、.org 之类的）集成功能，以便 Web2.0 网站将其原始的 DNS 域名（比如 a15a.com）整合到 ENS 域名中，并将其域名作为一个 Web3.0 身份使用，那么这个原始的域名就可以既是一个 Web2.0 网址域名（方便用户访问）、一个以太坊上的钱包账户（具备收付款等功能），又是一个 Web3.0 身份。

（3）无限聚合。ENS 域名可以与其他 Web3.0 基础设置一起用（比如 IPFS、Arweave 等去中心化存储系统），从而实现更有趣、更丰富的场景。

ENS 面临着一些问题，比如与 Web2.0 世界或者现实世界的冲突，以及在技术层面的设计争议。在 2021 年和 2022 年交接之际，Web3.0 世界爆发了一场关于“零宽字符”的大论战。有人指出，ENS 支持零宽字符（即可以在.eth 的域名中插入肉眼不可见的字符），会带来类似诈骗网站之类的隐患。有一部分人认为，零宽字符最终会导致 ENS 一文不值。不过也有人认为只要在应用层面做到提醒即可避免诈骗问题。究竟 ENS 的未来发展如何，还需等待时间的检验。

虚拟化身

谈到 Web3.0 的个体认知，虚拟人一定是一个绕不开的话题。广义上的虚拟人可以分为两种，一种是有真人映射关系的虚拟化身，另一种是没有真人映射关系的、纯虚构的虚拟偶像或者虚拟员工等数字人。数字人在第 5 章中已经介绍过，本章只简单地介绍虚拟化身。

虚拟化身在现实生活中由固定的生物人操控，其实是作为生物人个体在虚拟世界里的化身存在的。如果说 DID 是一维表现形式，NFT 头像是二维表现形式，那么虚拟人就是个体在 Web3.0 世界中的三维表现形式。DID 只是通过字符来传达个体主张，NFT 头像加入了画面和声音，更体现了审美观，虚拟人则更丰满地表现个体审美、观点、经济能力、社交地位等多元化特点。比如，在第 5 章介绍的 *The Sandbox* 和 *Cryptovoxels* 中，玩家操作的角色就是其虚拟化身。

与数字人一样，虚拟化身不一定是以近似人的形象出现的，甚至为了避免产生恐怖谷效应，一些项目方反而会优先选择非真人写实画风。同时，也有一些观点认为，如果都虚拟了，那么何必还要局限于现实写实？为什么人只能长两只眼睛？为什么在元宇宙里还需要步行逛街？不能直接飞吗？但无论是否写实，虚拟化身的元素通常都与其操控者的外在特质相吻合，这点其实与 Web3.0 玩家在挑选 NFT 头像时的心理类似——大家会选择与自己实现共情的元素，通常是一些与自己类似的外在特质。

仿生人会梦见电子羊吗

无论你相信与否，生物人与仿生人之间的角逐早已在 Web3.0 世界中展开。读到这句话的你，很可能对上述陈述还抱有嗤之以鼻的态度。诚然，对于仿生人与生物人之间的探讨，我们可以找到很多经典的文学与影视著作。无论是在菲利普·迪克创作的科幻巨作《仿生人会梦见电子羊吗？》中，还是在士郎正宗创作的《攻壳机动队》中，仿生人与生物人之间从根源上无法解决的矛盾总是牵动着每一位读者的心。这些矛盾的根源，从始至终都离不开创作者们对人类意识及思维的思考。

在《攻壳机动队》中，仿生人以更低形态的意识存在于人类范畴之外，它们模糊了性别的边界，而故事却以仿生人进行繁衍作为结尾。由此可以看出，士郎正宗对于人性的边界的思考立足于传承。

在《仿生人会梦见电子羊吗？》中，我们能看到与仿生人思维无异的赏金猎人，也能看到与仿生人为伍的特障人，还能看到对仿生人动情的主角 Rick。我们跟着创作者构建的故事，身临其境般地感受着 Rick 每一次尝试审判仿生人时的纠结心态。菲利普·迪克通过 Rick 对仿生人的审判，实际上模糊了仿生人与生物人之间的边界。至此，该书的冲突从 Rick 判断一个人是否为生物人上升到每一个人对自我的思考。

可能大多数人还将“甄别生物人”这件事隔离在虚幻的小说中，但实际上，在还没有那么多人涉足的 Web3.0 世界中，已经充斥着大量的 Web3.0 仿生人了。在诸多热门的 NFT 社区中，长期充斥着大量的仿生人，或者说，Bot（机器人）。它们会在社区的讨论频道中，利用聊天素材库在固定的时间区间内定时发布随机内容。仿生人的优劣与聊天素材库的丰富程度相关。内容过少的聊天素材库会让仿生人在几条信息内暴露出其真实身份，而丰富且有实质意义的聊天素材库则会让仿生人有较大的概率通过真人的判断，甚至会有真实的社区成员与其对话。“生物人验证”并不是一个新概念。早在 20 世纪，图灵就提出过类似的问题：如何隔着屏幕鉴别对方是真人呢？这就是之后著名的“图灵测试”的由来。在 Web3.0 项目中，无论是项目方还是社区成员，都需要具备甄别仿生人的技能。对于项目方来说，验证生物人主要是为了剔除“羊毛党”和“刷子”，让利益分配更加公平。

“羊毛党”通常指的是以获得短期用户奖励（迅速变现）为目的而不具备长期价值的非正常用户群体，“刷子”是指通过机器人脚本模拟多人操作，从而获取多份奖励的非正常用户群体。它们本身不是新词，在传统互联网时代就已经存在，在 Web3.0 世界继续活跃。目前，Web3.0 项目通常不需要与现实生活一一绑定的 KYC，并且愿意拿出大量福利空投给早期的用户和支持者，这导致的结果就是虽然确实有真实用户受到了鼓舞，但是“羊毛党”和“刷子”也迎来了“春天”。“刷子”在 Web3.0 世界里获得的财富已经远远超出了圈外普通人的认知。为了避免成为“刷毛教材”，本书不对其具体手段做更详细的介绍。同时，AI 的发展也给元宇宙、社交和 Web3.0 游戏项目带来了很多烦恼，看似公平的“X-to-earn”在这些领域又好像成为具备技术条件的人群的敛财工具。

总之，“刷子”的存在对 Web3.0 世界的分配方式无疑是一种破坏，但是魔高一尺道高一丈，一些专门制裁“刷子”的项目出现了。

BrightID

BrightID 是一个 KYC 工具，本身并不算一个 Web3.0 项目，从技术上与区块链没关系，但是大量的 Web3.0 项目在用 BrightID 的服务剔除“刷子”。与填入现实身份信息的传统方式不同，用户注册 BrightID 之后需要根据自己的地区预约一场线上会议，打开摄像头和麦克风，等待管理员点名，然后根据提示做一些操作，比如扫码等，由管理员判定他是否注册过 BrightID，以及他的旁边是否有人在教他操作（防止借用他人信息）。有时候管理员会问他几个问题，然后观察他的反应，之前在预约时需要区分地区也正是为了让用户能听懂管理员的问话。

Proof of Humanity

Proof of Humanity 是一个去中心化的身份验证系统，流程比 BrightID 更复杂。用户需要在它的网站上按要求举着一张纸录一段视频，然后用以太坊地址提交确认，等链上确认之后还要去官方社区找人帮忙认证这段视频。有一些使用者对上传自己视频的行为存在安全隐患表示担忧。

随着 AI 和虚拟人的发展，一场关于哲学和伦理的论战也许会很快到来。用 AI 控制的虚拟人是否应该具备参与分配的权利？分配究竟是应该以生物人个体为单位还是应该只考量其贡献度而不论此贡献是由代码自动执行的还是由生物人手工控制的？是应该倡导以人为单位的社区治理，还是应该倡导以钱包地址（DID）为标准的社区治理？是否应该把 Web2.0 时代的身份标签和现实的 KYC 数据纳入 Web3.0 世界？现在还有很多没有答案的问题。

不过，即使有一些忧虑，笔者也还是相信良币会驱逐劣币，这个世界会向更美好的方向发展。回顾整个人类历史，我们会发现从奴隶社会到封建社会，从资本主义到社会主义，一直延续不断的主题就是自由代替约束，包容代替偏见，开放代替垄断，共荣代替利己，多样代替单一。在 Web3.0 的世界里，对于过什么样的生活每个人都会有更多选择。

我们是谁

社交方式

你可以回忆一下，在 2000 年以前，我们所属的群体基本上都是在现实生活中能接触的人群，像同事、同学、邻居等。除了在现实生活中认识，并且长期有来往的关系之外，其实很难产生新的、长期的、稳定的社会联系。这些在现实生活中稳定的群体关系又伴随着情感上的强共识（比如，生长在各种大院的孩子们往往具有某种情感归属），在交往中往往会产生诸如“知根知底”“父一辈子一辈”

之类的认同感。

2000 年之后，随着互联网发展，社交变得前所未有的轻松，人们可以很轻松地通过 Web2.0 与现实生活中没有交集的人认识并互动，逐渐出现了“网友”一词，而早期这个词往往代表不太靠谱的朋友关系。在 Web2.0 时代，有相当多红极一时的社交平台，承载着初代互联网网民的回忆，比如天涯论坛、猫扑社区、百度贴吧、豆瓣小组、QQ 群等，其中有些已经在互联网进程中被甩下车，当然也有一些时至今日仍然活跃。随着网络社交的发展，“网上都是假人”的观念逐渐深入人心，“网骗”“照骗”随之产生。

Web3.0 对社交方式的改变其实是从底层信任开始的，0 信任成本带来的改变是翻天覆地的。Web3.0 的社交基于 Web3.0 账户，而账户的历史信息和资产是公开透明且没办法造假的。虽然目前还没有特别成熟的社交产品出现，但是可以大胆地预测一下未来 Web3.0 社交产品的形态。

（1）线上化、虚拟化。Web3.0 加持元宇宙、虚拟人，会让未来的社交更多地在线上虚拟空间里进行。

（2）自主性。用户可以完全掌控自己想看到什么信息，而不是看平台强制推荐的广告。

（3）无边界。Web3.0 世界的社交将弱化群体限制，或者说 Web3.0 正在重塑群体这个概念。以前的人群分类在 Web3.0 世界会越来越不适用。社交工具会帮助人们认识他们感兴趣、想认识的人。

真正的“人以群分”

每一次群体划分标准的改变都伴随着社会和经济的巨变。经济、技术、社会就像一个三体系统，它们互相影响，然而对其变化规律又很难给出亘古不变的定律。

以前我们在社交的时候与不太熟的朋友套近乎可能会说“我也是山东人”“我也是北京四中毕业的”“我之前也在联想工作过”等这些具体的现实经历，以试图拉近彼此的距离。在大多数情况下，这种套路还是管用的，虽然这些信息的真实性并不能当面验证。在 Web3.0 世界，个人的行为被 DID 真实记录在区块链上，个体的经历在链上一清二楚，大家可能查一下账户，一看都是 4 年的老以太坊地址，再浏览一下账户的历史操作信息，几乎就可以隔着屏幕相视一笑，感叹“我们（早就）是同志了”。

之前人们对群体的划分大多基于现实世界的既定标签。

基于国籍划分，比如中国人、美国人、俄罗斯人。

基于地域划分，比如东北人、南方人、上海人。

基于从事的行业或者隶属的公司划分，比如“脸书前高管”“腾讯员工”“小米创始团队成员”。

当然，也可以基于性别划分，比如男性、女性。

这些其实只是具象的、物化的、传统闭塞的外在特征，所谓“人以群分”其实更多的是基于内在的精神因素而“分”，更直白地讲就是相同的爱好和三观（人生观、世界观、价值观）、类似的经历等。

这些在无网时代很难有具象的表达，我们只能通过现实观察和交往来分辨一个人的喜好，而在互联网时代，个人喜好被各个平台通过用户自主选择（即用户注册之后选择感兴趣的领域那一步）和不断累积的用户行为分析打上标签，只不过这种标签通常并没有完全展示给公众，即使展示了也比较简单，比如“情感博主”“体育博主”“宠物博主”等。这些标签在 Web3.0 世界以 NFT 为载体，比 Web2.0 时期的标签更公开、更真实、更可信，也更多元化。

人的社会属性决定了大多数人都会穷尽一生来给自己贴上各种标签，并且在芸芸众生中找到与自己具有相同标签的群体，加入并获得归属感和认同感。就像星座爱好者喜欢把自己归为某个星座的典型一样，Web3.0 世界的公民也在不断地给自己贴标签，这些标签在 Web3.0 时代的具象化表现就是 NFT。

每一代元宇宙玩家都有自己的标签。CryptoPunk 就是初代老玩家的象征，已知的名人收藏家包括余文乐等；第二代的代表则是无聊猴，库里、阿迪达斯等名人或机构是其支持者；第三代以 0N1 Force、CoolCat、Pudgy Penguins 及 Doodles 为代表；最新一代则是以 Phanta Bear 为代表的明星系 NFT。一个人用什么 NFT 当头像，其实就是他在给自己贴上那个群体的标签。

NFT 作为具象化的社交标签让 Web3.0 世界里的社交更加方便。越来越多的产品在试图将 Web3.0 地址链接的信息具象化来表达 NFT 不太容易涵盖的链上信息，以便让不熟悉 Web3.0 操作的普通人对链上信息的解读更方便、更简单。这部分内容将会在“POAP 徽章——

Web3.0 的身份标签”和“RSS3——Web3.0 信息索引”两节分别用 POAP 徽章和 RSS3 两个实例来说明。

POAP 徽章——Web3.0 的身份标签

POAP 是一个根据线上或者线下的各种行为铸造特定 NFT 的应用，属于“Proof of Behavior”，即行为证明。它的名字来源于英文 Proof of Attendance Protocol（参与证明协议）的单词首字母简写，是一个基于 ERC-721 的，由以太坊开发者社区构建的开源区块链协议。POAP 始于 2019 年的 ETHDenver 黑客松，本身是一个非营利的社区项目，其项目的运营支出靠捐款（截至本书出版时）。早期的 POAP 徽章是发行在以太坊上的，但是由于以太币的价格持续走高，并且日益繁荣的以太坊生态使得其网络日常拥堵，所以 POAP 团队在 2020 年添加了 xDAI 网络支持。

POAP 的官网是这样介绍自己的：POAP 是一种持续记录可信生活经历的新方式。当 POAP 的收藏家参加活动时，他们都可以获得一个基于密码学的独特徽章（NFT），这些徽章是用 NFT 来实现的，从而可以打开一个充满无限可能的新世界。

官方的介绍往往为了追求内容全面而过于拗口，用通俗的话来说就是，POAP 能让人在参加活动时获取对应的 NFT。

这个“充满无限可能的新世界”到底是什么样的

其实这就是 Web3.0 世界或者元宇宙。Web3.0 公民手中的 POAP 徽章其实就是特定元宇宙的入场门票。

什么样的人会用到 POAP 呢

一是活动的组织者。POAP 给他们提供了一个吸引参与者的渠道，并且这个渠道的表现形式和功能是可定制的。比如，POAP 徽章的样式是可以自行设计的，持有特定 POAP 徽章的人可以进入一个聊天频道，发起投票和抽奖等。虽然以上功能听起来比较简单，但是笔者认为更多的功能会不断地被开发，并且不一定由 POAP 的项目方发起，可能会由社区开发者自行贡献。图 8-2 为 POAP 的投票页面，只有持有特定 POAP 徽章的 Web3.0 公民可以参与，但大家都可以看到结果。

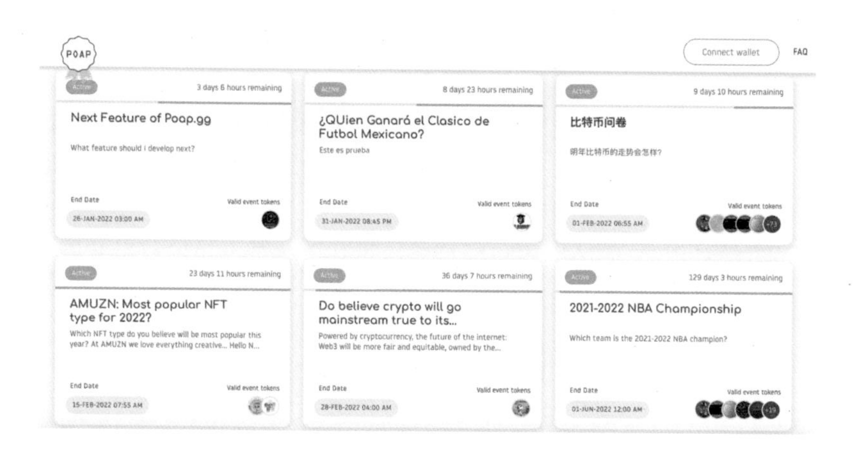

图 8-2

二是普通参与者。他们可以把 POAP 徽章作为自己生活的记录[（POAP 的官方口号就是 the bookmarks of your life（你的生活的书签）]，通过收集 POAP 徽章来满足收集欲，通过在社交平台上展示、炫耀来满足分享欲。

POAP 未来能干什么

持有 POAP 徽章代表此 Web3.0 地址的持有人曾经参与过特定的活动，这其实与前文提到的“我也是山东人”是一样的效果，区别在于 POAP 徽章的证明更直观并且更可信，毕竟人会说谎而区块链不会。那么是否持有某个 POAP 徽章或在什么时间持有的该 POAP 徽章就可以成为一种筛选机制，帮助任何 Web3.0 世界里需要找到特定群体的人精准定位要找的人在哪里。当然，也可以采用“交集”或者“并集”的方式筛选，就是找到“既持有 POAP A 徽章又持有 POAP B 徽章”的人，或者找到“持有 POAP A 徽章或者持有 POAP B 徽章”的人。

读到这里，你可能还没有意识到这会给目前的商业体系带来什么样的巨变。不要着急，下面慢慢解释。

首先，由于 POAP 徽章的持有信息在区块链上是公开可查的，任何人都可以查到一个地址是否获得，以及在什么时间获得了某个 POAP 徽章，也可以在某个 POAP 徽章的合约地址查到哪些 Web3.0 地址曾经于什么时间获得了这个 POAP 徽章，所以做广告将变得异常简单。广告的渠道商可能会没有用武之地，因为在互联网垄断时代被巨头们掌握并贩卖的用户信息在 Web3.0 世界公开透明、所有人都可查，并且比传统互联网的信息更精准、更真实。在 Web2.0 时代，广告主可能会同时在微博、微信、抖音上做广告，而这些不同平台账户背后的用户其实可能是同一个人。比如，一个喜欢高端护肤品的姑娘在微博上刷到了雅思兰黛的广告，在抖音上也很可能会刷到。这就意味着广告主其实在不同平台上花了多份钱但把广告投放给同一个用户。这些在 Web3.0 时代大概率是不存在的。因为 Web3.0 的不同平台都是用同一个 Web3.0 地址接入的，所以一个人可以在全网都使用一个账户。

另外，一系列的 POAP 徽章组成了 Web3.0 地址的真实链上标签，从而提供了 Web3.0 地址的可信个人档案，并且这个档案不依赖于任何现实生活中已知的 KYC，比如姓名、身份证号、手机号、性别等。当然，出于监管需求，应用也可以要求 Web3.0 地址和个人 KYC 绑定，这就要看各个国家或地区及不同平台的要求了。

RSS3——Web3.0 信息索引

RSS3 创立于 2021 年 5 月，并于同年 9 月发布测试网，于 2021 年 12 月获得 Coinbase Ventures（第 2 章中提到的布局 Web3.0 的资本之一）、Dragonfly Capital 等知名机构的投资。它对自己的定义是“一个以建立高效且去中心化的信息分发为目标的下一代信息摘要标准”。

没有技术背景的人可能读到这里会觉得非常困惑，这非常正常。

阅读完前面章节的你应该对开发者给自己产品定义的语言风格比较熟悉了，基本上就是“普通人听不懂”的风格。特别是这个项目的文字材料做得可读性不强，并且非常碎片化，每个产品都有独立的官网，在 RSS3 的官网上也很难找到一个统一的产品列表。这给人们理解这个新兴社交项目带来了极大的困难。所以，笔者对 RSS3 的介绍先从它的具体产品开始。

很多人觉得 RSS3 是一个产品，但是其实 RSS3 并不是一个应用的名字，而是一套协议标准，基于这个标准有一系列的应用。目前，RSS3 已经推出了 RNS、Web3 Pass（用户档案）、Revery（信息追踪与社交平台）这三个产品，在你买到本书时可能又推出了新的产品。

RNS 域名系统

RNS 即 RSS3 Name Service。这不用详细解释，与前面提到的 ENS 差不多，是以“.RSS3”结尾的域名。目前，注册 RNS 域名需要消耗一个 Pass Token。只要给 RSS3 项目捐过原始资金就可以免费获得这个 Token。笔者不太看好其后续发展，未来会有众多域名系统试图在 Web3.0 世界推行，但是最通用的可能还是 ENS。

Web3 Pass：适用于普通玩家的 Web3.0 通行证

Web3 Pass 页面如图 8-3 所示。

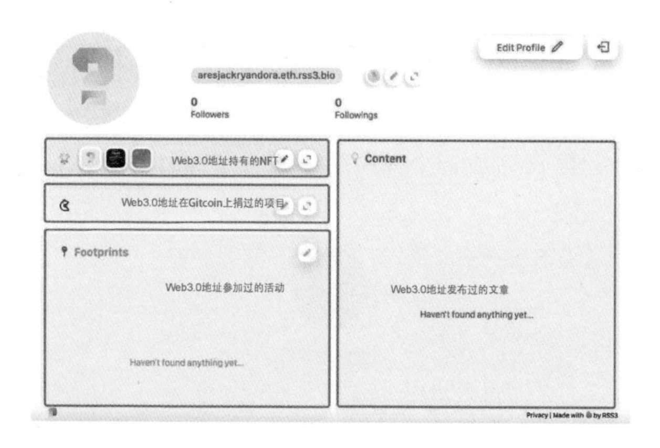

图 8-3

这是一个 Web3.0 版本的个人主页，目前页面非常简单。用户可以在其官网上注册，然后设置一系列个人信息。平台会主动抓取 Web3.0 地址关联的链上公开信息，比如持有的 NFT、发布过的文章（目前支持抓取在 Mirror 上发布的文章）、参加过的活动（与特定合约有过交互记录）、在 Gitcoin 上捐过的项目等，从而形成 Web3.0 公民的一个综合的个人主页。这个主页的网址一般默认为 RSS3.bio/Web3.0 地址，但是如果该公民持有其他 DID，比如前文提到的 ENS 域名，那么网址会显示为 ENS 域名.RSS3.bio。前面提到 RSS3 也推出了自己的域名系统，如果 Web3.0 公民持有 RSS3 域名，那么其地址会显示为 RSS3 域名.bio。图 8-4 为 Web3 Pass 的修改个人信息的页面。

与传统互联网的个人主页不同的是，Web3 Pass 包含的信息更开放和更多样化。Web3.0 公民可以选择展示在多个平台上的历史行为，这些平台并不局限于去中心化平台。除了前面提到的著名的去中心化平台（比如 Mirror 和 Gitcoin），Web3 Pass 还可以展示即刻（一个中心化社交平台）、Misskey 和推特的信息，只要在相关平台账户的昵称、简介、账户名或者个人网站中设置了 Web3.0 DID 就行。

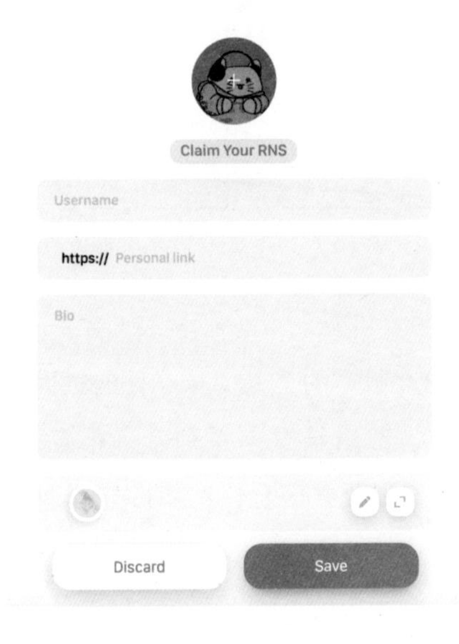

图 8-4

图 8-5 为 Web3 Pass 的修改账户信息的页面。

目前，如果你想要使用 Web3 Pass，那么首先需要有一个以太坊账户（Web3.0 地址），即需要先是一位去中心化世界公民，然后通过 Web3 Pass 可以把推特、即刻、Misskey 这些中心化平台上的生活记录搬运进 Web3.0 世界。如果你没有 Web3.0 账户，那么是不能通过推特账户直接使用 Web3 Pass 的，这也是由 Web2.0 中心化平台账户的封闭性决定的。

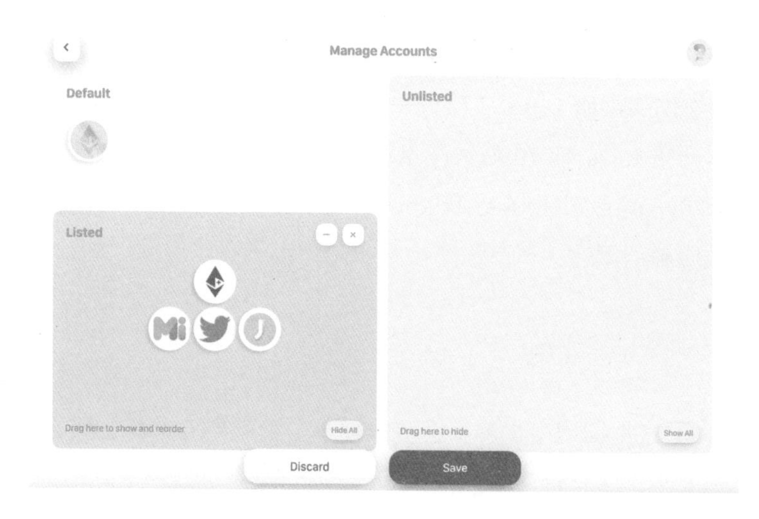

图 8-5

不过，人性化的一点是，Web3 Pass 虽然可以支持自动导入一些 Web3.0 地址的关联行为，但是也支持地址持有人选择是否展示某个行为。有些人可能会觉得自动展示很方便，以前需要手动发朋友圈展示自己做了什么，而使用了 Web3 Pass，在做完相关活动后信息就自动上传到个人主页了，但是这种自动化展示一定会给某些用户带来困扰。以前我们都是急着发朋友圈，在 Web3 Pass 普及后可能就会变成急着删 Web3.0 版“朋友圈”了。对于这一点，Web3 Pass 也有考虑，其产品提供给用户充分的选择权，不仅让用户选择看到哪些人发的信息，还让用户选择向别人展示自己的哪些信息。

Revery：Web3.0 原生社交媒体

Revery 是 2021 年 12 月 25 日上线的，还是一个非常新的产品，却是目前 RSS3 发布的最能体现其项目本质的一个产品。如果读懂了 Revery，你就读懂了 RSS3 项目方到底想干什么。目前，几乎没有中文资料介绍 Revery。在 Revery 上线之前，Revery 团队在自己的博客里发布了一篇文章对 RSS3 和 Revery 在 Web3.0 中要扮演的角色进行了非常明确的阐述：

RSS3 是一个 Feed。

Feed 这个词用中文解释会更难理解，如果硬要解释，那么可以将其解释为“聚合订阅信息流”。

没有技术背景的人可能不明白什么是 Feed，但是一定使用过 Feed。移动互联网用户无时无刻不被 Feed 影响，比如微信朋友圈、抖音的推荐流、知乎的关注页等。简单来说，Feed 就是一个持续更新的信息流，你只需要订阅就可以获得最新信息。这些信息的排序可以有不同的规则，比如抖音的推荐算法根据用户的日常行为推测用户可能喜欢的视频，微信朋友圈按照发布时间排列所有朋友发布的信息。Feed 源于早期的 RSS（简易信息聚合）（这也是 RSS3 这个项目名字的由来）。用户可以订阅多个网站，将 Feed 录入阅读器，然后在阅读器里获取 Feed。Web2.0 时代的订阅往往还加载着许多非订阅信息，比如广告。

读到这里，你应该可以对 RSS3 有非常明确的认知了。正如它的名字一样，RSS3 要做的是 Web3.0 时代的 RSS，而 Revery 就是它的拳头产品。

Joshua（RSS3 的创始人）于 2021 年 12 月 25 日说："Revery 是一个功能简单的订阅信息聚合器，是第一个基于 Web3.0 思想开发的社交媒体。首先，它从一开始就是为互通所有网络（包括去中心化和非去中心化的网络）而设计的。你可以用它订阅感兴趣的 Web3.0 地址来获得持续的 Feed，不仅包括买卖等金融信息，还包括铸造新奇、有趣的 NFT，以及参加好玩的活动，或者只接收特定领域的最新消息。同时，Revery 也提供了让使用者发现其他用户的途径，目前要么随机抽取，要么限定一些条件，比如某种 NFT 的持有者。"

Revery 在本书出版时只发布了测试版本。使用者需要链接自己的 Web3.0 账户，然后便可以在聚合器页面中订阅和浏览信息，这些订阅的对象及信息的来源就是 Web3 Pass。Revery 页面如图 8-6 所示。

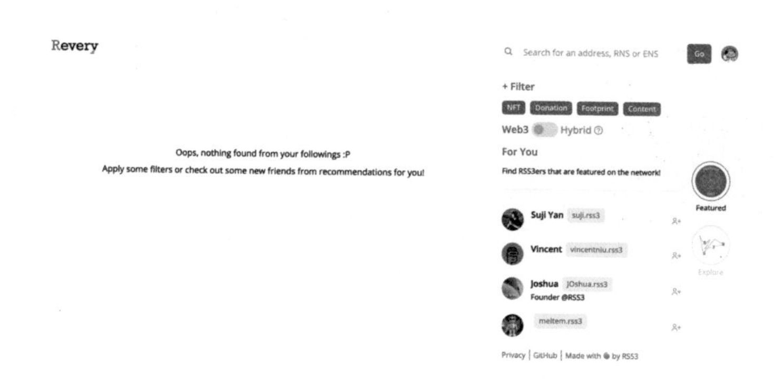

图 8-6

至此，你可能已经发现，RSS3 的产品是环环相扣的，不过其已发布的 3 个产品都尚显初级。RSS3 能否作为"下一代信息摘要标准"尚需时间和市场验证。

09

第 9 章

Web3.0 时代的机遇

无名之辈也能成“神”

这真的是一个个人能够发光的时代，而且不是凭现实生活中的资产、社交地位、公共职务、外貌因素（如长相、身材等），以及国籍、性别、出身等原生属性。只要你有闪光的思想，即使不用实践，也可以在 Web3.0 世界里获得认可和回报。更夸张的是，在很多时候会有很多“路人”愿意帮你去实践你的创意。我们在传统互联网时代可能只能做一个用户，但是在 Web3.0 时代却有机会做更深层次的参与者，并从中受益。

在 Web3.0 世界里，每个人都迎来了一次平等竞争的机会。中心化世界的既得利益者在 Web3.0 世界并没有垄断性的优势，虽然他们确实可以得到某些便利，但是远不足以取得压倒性胜利。

现在，没有人可以否认 Vitalik Buterin 的成就，但大多数人其实不知道 Vitalik Buterin 当年初创以太坊时的窘迫。以太坊社区中一直流传着一个令人羡慕的故事：当年 Vitalik Buterin 来中国游历时，带着他的以太坊概念和对开启 Web3.0 世界的这个项目四处奔波。当 Vitalik Buterin 在一个 KTV 里向陌生人介绍以太坊理念时，有一位好心人觉得 Vitalik Buterin 可怜，出于同情资助了他 1000 元，获得了一些 ETH 作为回报。到了今天，这个好心人再打开他的以太坊钱包时，看到的已经是全然不同的景象了。故事的真伪现今已经难以判断，但不可否认的是，Vitalik Buterin 自身的经历就是无名之辈在 Web3.0 时代成“神”的传奇。

在 2022 年春节之际，Vitalik Buterin 在参加以太坊中国社区的新春访谈时提到，Web3.0 有助于解决经济发展不平衡的问题。在原来的中心化体系中欠发达地区很难做出成功的项目，可能要在大城市才能获得成功的机会，但是在去中心化体系里，任何地方的人都可以做出好应用，现在以太坊上很多成熟的项目来自一些比较穷的地区。

在 Web3.0 时代初生之际，我们可能很难成为第二个 Vitalik Buterin。这是指可能很难再以突破性的技术开发出一条公链，但是我们可以基于优质公链的底层服务做创新且具有突破性的产品。相似的例子还有很多，比如 Uniswap 的创始人，以及 BAYC、Doodles、0N1 Force、CoolCat、Azuki 等众多 NFT 初创团队。他们中的很多人都是草根出身的，在短时间内凭借自己独特的艺术造诣及对 Web3.0 共识的认知成功地建立起自己的品牌。

总之，这些明星项目的成功印证了这句话：在 Web3.0 世界里，英雄不问出处。

笔者认为，Web3.0 来临之际确实是普通人可以做一些事情的绝佳时机。秩序与混乱并存的时代，或许就是安迪·沃霍尔所预言的“每个人 15 分钟就能成名”且“每个人都能成名 15 分钟”的时代。

需要澄清的一点是，笔者并非鼓舞大家都去 Web3.0 世界创业，而是期待大家能找到自己在 Web3.0 世界中发光发热的角色，这个角色当然不限于创业者。

你愿意创造一个少数人的游戏吗

此时此刻看到这句话的大多数读者可能目前还没有一个 Web3.0 身份——钱包地址。这就更不用说在之前章节中提到的 DID 了。真正拥有 Web3.0 身份的读者、真正在 Web3.0 世界遨游过的人屈指可数。大部分人可能还停留在二级市场的“自嗨”中。这就意味着，对于所有非二级市场类的项目来说，它们的真实用户少之又少。

虽然在第 7 章中我们曾提到，Web3.0 时代的产品都是小而美的，但是换一个角度去思考，是否存在以下的可能性：Web3.0 时代的产品并非“可以”小而美，而是“不得不”选择小而美？根据 The World Bank 的数据，在 2020 年 70.6%的中国人口是网民，如图 9-1 所示。The World Bank 收录的另一个数据是，截至 2020 年，中国的总人口约为 14.02 亿，如图 9-2 所示。通过简单计算，我们可以得出在 2020 年这个时间点，中国约有 9.9 亿个互联网用户。

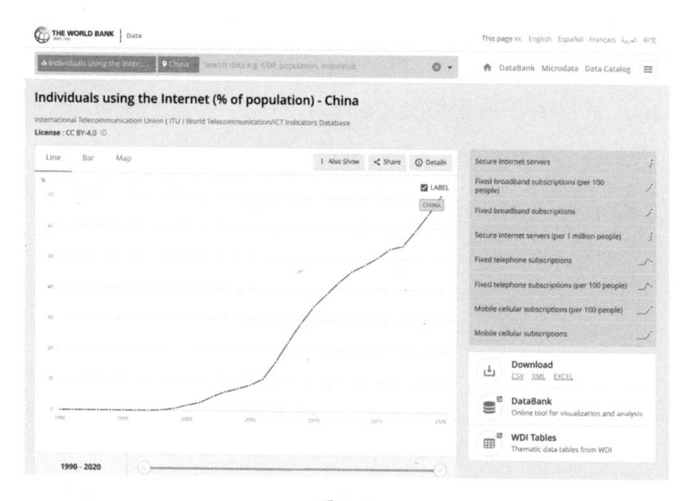
THE WORLD BANK
Data
This page in: English Español Français العربية 中文
DataBank Microdata Data Catalog
Individuals using the Internet (% of population) - China
International Telecommunication Union (ITU) World Telecommunication/ICT Indicators Database
License : CC BY-4.0
Line
Bar
Map
Also Show
Share
Details
LABEL
CHINA
Secure internet servers
Fixed broadband subscriptions (per 100 people)
Fixed broadband subscriptions
Secure internet servers (per 1 million people)
Fixed telephone subscriptions
Fixed telephone subscriptions (per 100 people)
Mobile cellular subscriptions (per 100 people)
Mobile cellular subscriptions
Download
CSV XML EXCEL
DataBank
Online tool for visualization and analysis
WDI Tables
Thematic data tables from WDI
1990 - 2020

图 9-1

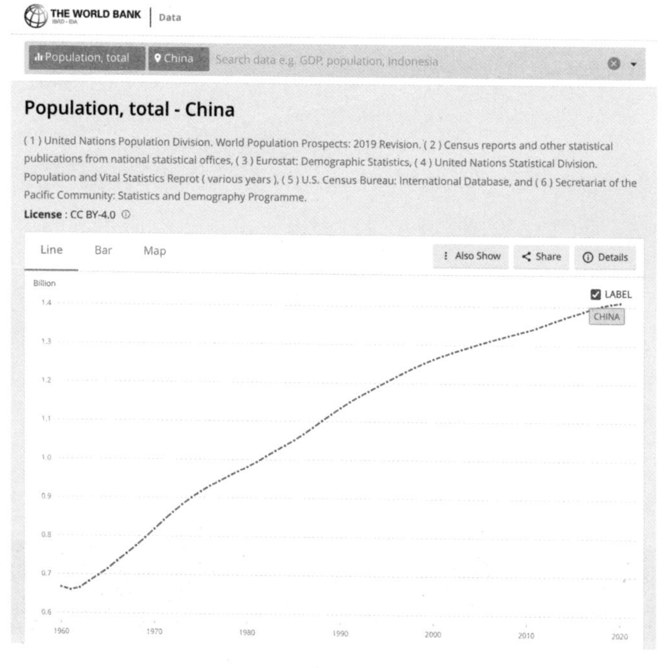
THE WORLD BANK
IBRD · IDA
Data
Population, total
China
Search data e.g. GDP, population, Indonesia
Population, total - China
(1) United Nations Population Division. World Population Prospects: 2019 Revision. (2) Census reports and other statistical publications from national statistical offices, (3) Eurostat: Demographic Statistics, (4) United Nations Statistical Division. Population and Vital Statistics Reprot (various years), (5) U.S. Census Bureau: International Database, and (6) Secretariat of the Pacific Community: Statistics and Demography Programme.
License : CC BY-4.0
Line
Bar
Map
Also Show
Share
Details
Billion
LABEL
CHINA
1.4
1.3
1.2
1.1
1.0
0.9
0.8
0.7
0.6
1960
1970
1980
1990
2000
2010
2020

图 9-2

根据 Etherscan 的数据，2022 年 2 月 7 日以太坊的日活跃账户数是 518 469，而在一年前也就是 2021 年 2 月 7 日这个数字是 506 071，如图 9-3 所示。你会发现，即使 2021 年 NFT 和元宇宙的热度井喷式上升，这两个数字在一年的时间里变化也不大。

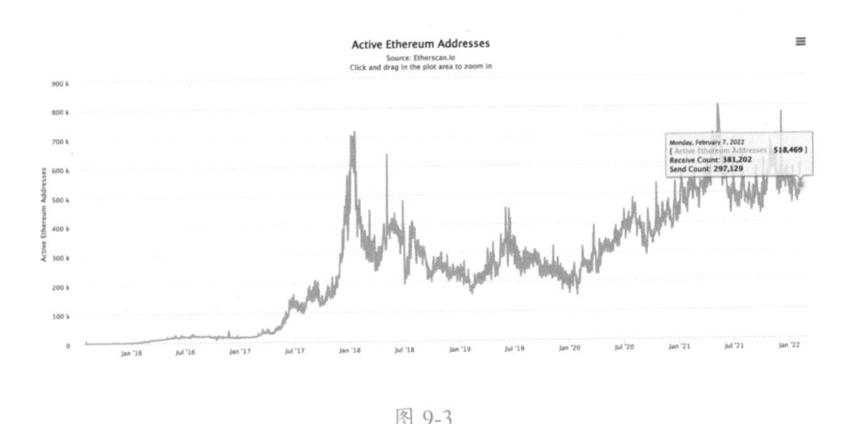

图 9-3

同时，50 多万个以太坊账户与 9.9 亿个中国网民也完全不是一个级别的。对于所有 Web3.0 项目来说，用户体量增长有明显瓶颈，甚至在短时间内面临天花板。如果你关注 TVL（Total Value Locked，总锁定价值，广义上指沉淀的资产量），就会大吃一惊。根据 DeFi Llama 的数据，以太坊上的资产量大概为 1200 亿美元，而这个体量被 400 多个早期应用（start-up protocol，或者用 Web3.0 的语言描述是“协议”）瓜分。图 9-4 为以太网网络的应用数量和 TVL。

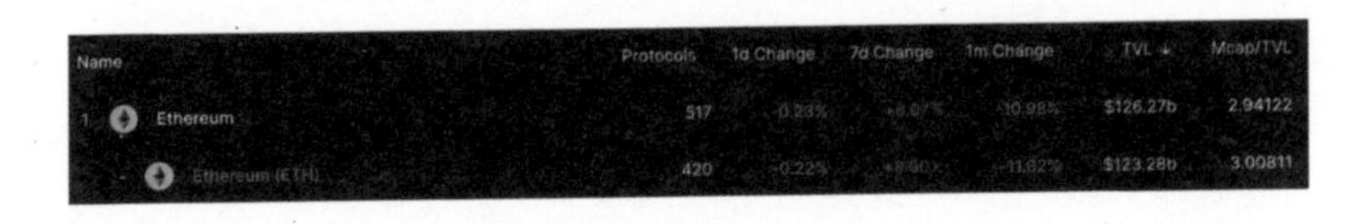

Name	Protocols	1d Change	7d Change	1m Change	TVL ↓	Mcap/TVL
1 Ethereum	517	0.23%	+6.07%	-10.98%	$126.27b	2.94122
- Ethereum (ETH)	420	-0.22%	[illegible]	-11.62%	$123.28b	3.00811

图 9-4

前面已经提到过很多创新应用或项目，其实它们运行至今为止时间并不算长。以众所周知的 DeFi 革命项目 Uniswap 为例，它的上线时间只有不到两年（2020 年 5 月上线）。可以这么说，目前所有 DApp 都处于起步阶段。作为 start-up protocol，它们的市值确实可观。对于项目方来说，目前还处于红利期。在基本面不出错的条件下，几乎所有的项目都能获得一个“弹射起步”的机会，但是弊端也非常明显：如果想要长期运营，那么需要大量的用户和资产涌入 Web3.0 世界，这将会是一个漫长的过程，并且可能不是靠个人或者某个项目能实现的，需要大家共同努力。

总之，对于个人来说，你可以毫不犹豫地拥抱 Web3.0，然而对于创业者来说，在创新产品之余你需要考虑的可能是多为行业发展做出贡献，因为行业的规模最终会决定你的产品的天花板高度。

Web3.0 的未来属于谁

Web3.0 的过去、现在与未来到底是属于谁的？

前面提到了“Web3.0 的基石”——以太坊的历史，以及 Web3.0 早期的创业者的画像。Web3.0 的过去属于开拓者。他们或多或少，通过自己对计算机、密码学，以及社会学的理解为大家提出了 Web3.0 的可能性。基于他们提出的可能性，Web3.0 早期的开拓者正在基于自己在 Web2.0 时代建立起的认知尝试挖掘 Web3.0 应用的可能性。

那么，Web3.0 的未来是属于谁的呢？

如果我们看向早期的 Web3.0 应用层面的开拓者，那么可能会感叹他们草根出身的背景。如果把目光聚集到最近的市场，我们就会发现一个趋势：Web2.0 时代的获利者正在向 Web3.0 入侵。

没错，笔者用了入侵这个词，原因在于笔者认为他们在尝试运用自己在 Web2.0 时代积累起的资源打破 Web3.0 时代的秩序。这一切都要从 Phanta Bear 开始说起。关于项目本身的信息，这里不做赘述。Phanta Bear 靠自己的资源和背后的资本，在 Web3.0 时代尝试掀起一场关于共识的革命。Web2.0 时代的资源在 Web3.0 时代同样受用，虽然这似乎违背了我们开拓 Web3.0 时代的初衷。在 Phanta Bear 之前也有其他传统流量项目入侵的例子，但起初它们在价值体现上并没有显著优势。在 Phanta Bear 教育市场之后，其他传统流量项目的二级市场价格在短时间内也平行上涨。在那之后，越来越多的 Web2.0 时代的 IP 开始尝试进军 Web3.0，其中包括我们在微博时期就耳熟能详的阿狸、冷兔等。除此之外，更多明星也开始入场。这些传统流量项目的市场表现正在教育 Web3.0 的用户——Web2.0 的流量价值应当成为 Web3.0 价值体系的一部分。

说到这里，我们回到一开始对于“入侵”的讨论。为什么笔者会使用这样一个带有负面意义的词语来形容 Web2.0 时代的既得利益者在 Web3.0 的尝试呢？

首先，笔者想澄清的一点是，笔者并不排斥传统 IP 进军 Web3.0。

相反，无论是笔者还是其他的 Web3.0 用户，都欢迎 Web2.0 时代的龙头 IP 使用它们在 Web2.0 时代积攒下来的资源共同搭建 Web3.0。但是，目前尝试进军 Web3.0 的传统“大佬们”明显还没有完全接纳 Web3.0。对于他们来说，这只是一次简单地、快速地收拢资金的营销尝试。他们中的大多数人可能还是以嗤之以鼻的态度看待 Web3.0，不用了解 Web3.0 的任何知识，不用了解 Web3.0 的用户信念，更不用了解我们为什么相信我们相信的，只需要将一切外包，就能轻轻松松地在 Web3.0 世界敛财。以上的推测没有任何实际证据，但从逻辑层面来说，对 Web3.0 没有任何信念的人是不会尝试在获利之后继续做出贡献的，他们的一些行为会间接导致 Web3.0 经济紊乱。在这里笔者想提醒各位进军 Web3.0 的传统 IP，你们只有一次机会。互联网没有记忆，但 Web3.0 有。信誉的破产只在一瞬间，而信誉恰恰是一切共识的基础。流量变现很简单，但稍有不慎便会被钉在以太坊的耻辱柱上，遗臭万年。

看到这里，笔者相信你可能会问：在传统流量攻略下的 Web3.0 会走向没落吗？

答案是否定的。原因非常简单，旧世界中的人们低估了在一个由信念搭成的新世界中人们的共识。对于目前的所有 Web3.0 用户来说，我们在携手摸索 Web3.0 能发展成什么样。每一个人，无论是开拓者还是参与者，都在用每一个行为引领 Web3.0 未来的发展。对于目前 Web2.0 时代的既得利益者的尝试，Web3.0 用户终将给出他们认为的 Web2.0 时代的既得利益者应该处在的位置。

Web3.0 的未来从来都不属于你我。原因很简单，虽然我们把所有在现阶段进入 Web3.0 世界的用户称为 Web3.0 原住民，但实际上，所有自称“Web3.0 原住民”的用户都不是真正的 Web3.0 原住民。正因为我们出生时就享受着 Web2.0 的服务，又见证了 Web3.0 时代的开启，所以我们注定不是出生在 Web3.0 的世代。正在看本书的你，无论是 X 世代、Y 世代，还是 Z 世代，都或多或少带着 Web2.0 嵌入的习惯。这种嵌入是根深蒂固的，是无论在 Web3.0 世界中怎样体验都改不掉的，是深深地刻在潜意识里的认知。这种认知就注定我们在 Web3.0 世界里只能做开拓者和见证者，永远都当不了变革者或创新者。唯物主义认为，人创造不出认知之外的事物。我们正带着三角尺与圆规在 Web3.0 世界里画着三角形与圆形的组合，但要想创造出我们认知之外的事物就只能等到真正意义上的 Web3.0 原住民对我们目前拥有的一切进行质疑之时了。他们可能会问，为什么现有的 Web3.0 体系一定要是那样的？只有当这个疑问被提出时，真正的 Web3.0 才会被建立（甚至他们还会去尝试探索 Web4.0 的形态）。笔者相信，这一切都会在不久的将来实现。

Web3.0 时代可能存在的机会

首先声明，以下的观点全部基于笔者的观察，并不作为给你的建议，请你酌情阅读。

我们在 Web3.0 世界是什么样的角色？关于这一点前面简单提及，并未深入探讨。我们是带着 Web2.0 时代固有思维的、尝试在

Web3.0 开拓时期引领 Web3.0 发展的人。因此，标题中的问题便从“Web3.0 时代可能存在的机会”变成“现在的我们该做什么”。

这个问题其实很好回答。我们可以设想自己是哥伦布，当第一次发现美洲时，想做什么？答案是会从采果、狩猎开始，到尝试农耕、放牧。简单地说，当开启一个新世界时，我们会尝试基于自己经历过的一切让历史重现，而重现的历史会以之前百倍甚至千倍的速度进行迭代。在 Web3.0 的早期探索中，我们可以轻而易举地窥探出历史：从基于以物换物的订单簿开始，到 NFT 市场牛市展现出的“郁金香经济”，再到艺术风格的演变，我们可以看到很多历史事件被重演。

那么，目前在 Web3.0 时代中，还有哪些历史事件未重演？我们不妨大胆预测一下。

泛娱乐

目前，Web3.0 世界的泛娱乐还没有拉开帷幕，但元宇宙概念的火热无疑为大家探索 Web3.0 世界的泛娱乐打开了一条门缝。无论是 *The Sandbox* 还是 *Decentraland* 都只作为泛娱乐类别下的早期项目给大家提供了思路。下面从几个领域分析属于 Web3.0 世界的泛娱乐。

游戏

首先，笔者想强调一点，元宇宙并非游戏，但游戏可以成为元宇宙的一部分。因此，本节不会探讨元宇宙项目，而是更深度地展望 Web3.0 世界的游戏。目前，市面上绝大部分游戏都存在一个致命的问题使它们不能融入 Web3.0 世界，那就是去中心化。无论是 PRG（角色扮演）类游戏还是 MOBA（多人在线战术竞技）类游戏，它们都不是去中心化的。所有数据都被存储到中心化服务器上，游戏公司作为主体掌控游戏内的所有数据的流动。因此，我们才会在这几年不断地看到游戏公司起诉第三方游戏资产买卖平台。一种质疑需要被提出：玩家使用法定货币购买的游戏内数据究竟应该属于谁？有一些游戏公司明确表示，玩家在游戏内的道具应该属于玩家，因此它们允许玩家拥有对自己游戏内的道具的交易权，但是当深入探讨这个问题时，我们会发现玩家还是没有真正拥有他们在游戏内的数据（即游戏道具），他们只是拥有了游戏内数据的交易权，这些中心化的游戏公司仍拥有修改数据的权利。在本质上，这并不算去中心化。

那么，当谈论去中心化游戏时，我们在谈论什么？

如果你是一位时常关注 Web3.0 动向的玩家，那么可能会对此回答：*Axie Infinity*。对于在游戏资产层面上做到完全去中心化的明星代表项目来说，*Axie Infinity* 一度作为最火热的项目获得 Web3.0 用户的广泛认可。从客观上来看，与中心化游戏相比，*Axie Infinity* 似乎在可玩性上有所欠缺。作为游戏，它有规则、有对抗，但在玩家可交互性与可操控性上存在明显的短板，这导致它在游戏领域没有完全被认可。

直到现在，Web3.0 用户还在渴望一个优质的去中心化游戏横空出世。

其目前的路径无非有以下两种：

（1）传统游戏公司拥抱 Web3.0。

（2）去中心化游戏公司在游戏玩法上努力。

无论走哪一条路径，史诗级别的去中心化游戏的横空出世都会给 Web3.0 的发展打一针强心剂，并且作为转折点开启 Web3.0 世界的全新篇章。

影视作品

在第 7 章中介绍了传统互联网时代的生产、销售、分润是完全分开的流程，而在 Web3.0 世界里，因为经济系统被嵌入了互联网，所以生产、销售和分润被压缩到一个平面——区块链网络里进行，整个流程都是可量化、可追溯的。从任何商品被创造之始，它的全生命流程都会被记录在链上，创造者可以获得完全覆盖其作品生命周期的分润权。

在第 4 章中介绍了一些为创作者服务的音乐平台，这些去中心化平台可以通过区块链技术维护创作者的权益，使得所有创作者公开、透明地获取收益。由于链上行为公开、透明，创作者不用担心平台对数据造假。此外，还有很多去中心化音乐平台利用 Web3.0 用户的长期投资行为帮助创作者在早期获取粉丝的支持与资助。虽然这一模式的逻辑看起来是通顺的，但是有值得思索的问题。

到目前为止，我们还没有看到有优质的创作者通过 Web3.0 音乐平台脱颖而出。虽然不能否认这可能因为 Web3.0 发行方式出现的时间尚短，但这一现实结果也可能与用户体量有直接关系。

另外，Web2.0 时代遗留的消费者习惯可能导致影视产业很难做到去中心化。我们可以想一想中心化服务器能给我们提供什么样的服务。虽然每个人习惯使用的平台都不同，但无论你是 Spotify、Apple Music 的用户，还是 QQ 音乐、网易云音乐的用户，都躲避不了的消费行径是订阅。

以网易云音乐为例，当订阅网易云音乐的黑胶唱片会员时，你就拥有了百万首歌曲的收听权益。订阅已经取代了流媒体时代之前的买断。虽然笔者相信现在还会有人为了更好的收听体验和音乐质量购买唱片，但这已经成为市场的过去式。在 Web3.0 世界，大家是否会选择花费更多钱去买断某首歌的永久收听权？

似乎影视作品的完全去中心化从一开始就是一个悖论，但先驱者们在影视作品去中心化的道路上仍在探索其边界与更多的可能性，我们不妨拭目以待。

娱乐品牌（NFT 头像）

下面所说的 NFT 主要指的是 Avatar（头像）品类。在由 NFT 掀起的牛市之中，我们看见了非常多从 0 到 1 搭建的品牌。但到目前为止，这些品牌还在探索下一个实际的应用场景。目前，大多数品牌还是以静止图片的形式存在于区块链上，NFT 的收藏者们除了和非收藏者一起欣赏同一张图片之外并没有获得其他实质上的特权。

这个困局并不会持续太久。你以为“内卷”的只有白名单资格的争夺者吗？当然不是。在市场上，项目方争夺优质粉丝也愈演愈烈，毕竟 NFT 市场从整体来看仍是一个存量市场。

需要说明的是，笔者认为 NFT 头像类项目最重要的是设计。当观察 NFT 市场时，我们会发现被认为是“蓝筹”的那些项目都具有新颖的创意和鲜明的特色。这些设计不仅锚定小众审美，还让大多数人都觉得好看。当然，除了设计，运营也很重要。与早期 NFT 头像类项目方只卖图片不同，以后的项目方将会越来越重视场景的搭建和广泛赋能。

在本书即将完稿之时，一个 NFT 项目吸引了笔者的注意。这个叫 Boomgala 的项目把头像 NFT 做成了元宇宙一卡通。以往的玩家如果想深度体验元宇宙，那么可能需要先持有一个 NFT 头像，然后去元宇宙买地，再雇用一家建筑公司帮自己设计和建造房屋等。且不说对没有接触过这些的普通人，即使对一些已经两只脚都踏进 Web3.0 世界的人来说这个流程也太过烦琐。Boomgala 直接帮助其 NFT 持有人把后续在元宇宙里的一些基本构件搭建完毕，让持有 NFT 的人可以“拎包入住”元宇宙。Boomgala 承诺在 *The Sandbox* 里给每个 Boomgala NFT 形象都建造对应的人物形象和公寓，持有人不仅可以获得头像，还会直接获得对应的 3D 形象和公寓的使用权。

Boomgala 的基建远不止这些，Boomgala 还承诺将购买 *The Sandbox* 的 12×12 地块（*The Sandbox* 的最小购买单位是 1 个地块，即 1×1 地块）以搭建丰富的元宇宙场景，而所有这些场景只需要一个 NFT 即可体验。这听起来显然要比单纯地把 NFT 当作社交媒体的头像要有趣得多。这种一卡通模式不仅对 Web3.0 老玩家来说非常方便，还降低了新玩家的门槛。但是，Boomgala 在发售后很快"破发"。这可能是因为玩家们对这种玩法并不认可，或者整个 NFT 市场并没有发展到看重应用场景的阶段，或者恰逢 NFT 市场的熊市。原因可能有很多，但无论如何，笔者都认为这是一次值得被记录的尝试。

另外，除了自带场景型 NFT 项目，一个能为众多 NFT 提供场景的元宇宙产品也被整个市场殷切期盼着。Metalink 是一个基于 NFT 的社交平台，持有相同系列 NFT 的用户可以在这里加入同一个群，并进行一系列社交行为。类似这样的场景搭建非常令人期待，因为它们在为以前所有已经发行的和未来将要发行的 NFT 提供场景。

大胆预测一下，即使有传统流量加持，恐怕既不自带场景又无外部场景的 NFT 项目在未来也会越来越难实现长久、持续的发展。在这个时间点，所有人都在静静地等待 NFT 项目的赋能，或许这是一个开发者可以考虑尝试的方向。

大数据

想要谈论 Web3.0 的大数据时代，还要从 Web2.0 开始说起。可能很多人还未意识到自己被中心化服务器记录的数据都包含什么。

下面从互联网巨头们发现 behavior surplus[①]之前开始说起。比如，在浏览网站时花费多久才决定点击这个按钮、点击按钮之前做了什么、点击按钮之后做了什么等。

互联网巨头在刚开始收集用户的所有数据时，常常会删除大部分它们认为无用的数据，其中包括很多明确行为之外的数据，例如用户在搜索时的拼写错误、在某个网页的停留时长、在某个地点停留的时间等。这些除去行为本身的额外数据在一开始是被摒除的。渐渐地，互联网巨头们开始发觉这些数据的用途远比行为本身更有价值。用算法分析用户在搜索时的拼写错误可以研究用户的拼写习惯；用算法分析用户在某个特定网页的停留时长可以研究用户的喜好；用算法分析用户在某个特定地点停留的时间可以判断用户的出行习惯。通过分析这一系列的 behavior surplus，互联网公司可以为每一个互联网用户打上标签。在法律禁止互联网公司为用户建立专人画像后，它们开始把用户以群组分类。在互联网时代，算法可能比你自己还懂你。当我们的数据被大量处理时，我们就踏入了大数据时代。

Web3.0 的大数据时代还没有到来。我们在前面介绍过 DeBank、RSS3 等基于链上数据为用户提供信息聚合服务的项目。到目前为止，还没有任何一个项目基于 behavior surplus 进行尝试。事实上，获得 Web3.0 世界的数据比获得 Web2.0 世界的数据更简单。任何人都可以

① behavior 指的是用户行为，比如用户在浏览网站时点击了某个按钮，而 behavior surplus 指的是用户更全面的行为。

调用以太坊区块链浏览器的 API 获取每个地址的数据。这些数据都是针对链上行为的，并不针对上面提到的 behavior surplus。那么，在最终完成签名（上链）这个行为之前的数据是否也具备价值而应该被留存呢？比如，在进行地址授权时，用户是否多次调用合约签名但最终并未确认。这是因为当时的 gas 高昂，还是因为对相关协议不信任？类似的场景有很多，这些信息可能非常有价值。

信用金融：DeFi3.0

目前的 DeFi 虽然已经具备了传统金融的大部分功能，但是出于资产安全考虑，一直以来采用的都是保证金模式，即用户需要质押抵押物来借款或者质押保证金加杠杆，而信用金融则一直没有实行。这很好理解，毕竟在现实生活中办理消费贷或办理信用卡都需要实名制，如果发生坏账，那么可以准确定位到人，如果借款人不还钱，那么可以找担保人。在 Web3.0 世界，在相当长的时间里，由于没有实名制一说，更不存在 KYC，所以用户销声匿迹的成本相对较低。即使 DeFi 蓬勃发展，至今也没有项目方敢开启无须抵押任何资产即可借走流通品的信用借款。

要想发展信用金融，当然需要先有一个信用体系，而基于区块链的信用体系是最真实可信的，所以 Web3.0 天然具备发展信用金融的先决条件。随着 DeFi 的普及和 NFT 收藏文化的盛行，Web3.0 地址除了有收款功能，也逐渐产生了标签属性，再加持其他链上行为轨迹（如 POAP 徽章之类的行为记录认证），最终成了 Web3.0 时代的 KYC。比如，著名区块链数据分析平台 Nansen 会把某些地址认定为“Smart Minter”，即优质 NFT 一级市场玩家。另外，一些 Web3.0 公司现在招募员工时甚至不看简历，直接要求候选人提交自己的 ENS 域名——因为一个人对 Web3.0 的认知和经验从其 DID 上一目了然。

随着 DID 赛道基础设施逐步完善，Web3.0 版本的信用金融成为可能。我们在第 8 章中已经提到，在 Web3.0 世界，现实生活中的身份会逐渐变得不重要，而 DID 才是真正能说明你是谁的最核心身份特征。那么，是否可以基于 DID 开发信用体系，并开启信用借款或者消费呢？比如，根据链上记录，将 DID 的链上行为量化，通过某种算法计算一个账户的信用指数，并且该指数受社交因素的影响。量化的数值结果可用于铸造（Mint）对应的 DAO Token，并且该 Token 可以作为借款的凭证从资金池中借出一定数额的资产。根据还款情况和投资回报率，可以对该 DID 未来的借款权限进行动态调整。这就是把传统信用金融搬运到 Web3.0 世界的玩法。

我们还可以试想一下升级版本，为了保证安全，可以把“借出”这个行为改为拥有“使用权”，即持有 DAO Token 的信用人不能直接将资产拿走，但是拥有支配这部分资产进行投资的权限。同样可以根据投资回报率对该 DID 未来的资金支配权限进行动态调整，权限的大小可以直接用其持有的 Token 的多少来计算。当需要支配公共资金时，信用人需要把 DAO Token 质押进资金池，然后即可将对应的资产投资到某个项目（仅限信用比较好的指定渠道，比如 Uniswap 的流动性池）中，到期后收益和本金一同回到资金池。信用人可以根据该笔投资的回报率取回一定数量的 DAO Token，投资回报率越高，取回的 DAO Token 越多。这样可以保证投资收益和投资人的智慧价值注入 DAO Token 本身，而没有外溢。

此处列举的是一种简单的构想，在实际操作时还要考虑很多细节，比如是什么促使信用金融产生？除了信用体系，还需要什么外在推力？如何防范穿仓坏账风险？这些问题仍需要项目方探索，但可以确定的是，传统金融从业人士在这个赛道有先天优势。

需要特别说明的一点是，只有建立在以太坊上的信用系统才有价值。我们可能会看到信用金融在一些新兴异构公链上最先出现，但非常直白地说，一个创世区块产生至今只有一两年的公链本身就无从谈及信用。总之，信用金融很可能会成为 DeFi3.0 的主题，并且一定会发生在以太坊上。

生于代码，长于财富，归于何处

Proof of Behavior：纸手 vs 钻手

Proof of Behavior 即行为证明。在描述行为证明之前，我们先要了解什么是“纸手”“钻手”。这要从白名单资格开始讲起。还记得被 0N1 Force 开创的白名单模式吗？这个模式已然被广大 NFT 项目方发扬光大，从而演变出一种愈演愈烈的“肝白名单”现象。这个现象被玩家戏称为“卷”—— 通常指的是早期社区成员为了获得白名单资格而在社群中疯狂发言、邀请别人入群、宣传项目消息的行为表现。大家表达对项目“爱意”的方式五花八门，有的人把项目的 Logo 画在自己家客厅的墙上，有的人把项目名字喷在车身上，甚至还有的人用项目的 Logo 文身。这些行为的源头是获得白名单资格的人可以拥有购买项目 NFT 的资格，而没有白名单资格的人只能等公售时一起抢限量的份额。根据笔者的观察，好的项目在公售时靠手工操作是很难抢到的，基本上都会被“科学家”抢走。白名单模式直接衍生了一条代刷产业链，越来越多的机器人、“刷子”或者专业代刷人员涌进 NFT 项目社区。这些人通常并不会陪伴项目成长，而是会在获利后直接出售。这种不会长期持有、赚钱后马上跑的玩家，被圈内称为“paper hand”，意思是拿不住的“纸手”，而那些长期持有的玩家则被称为“diamond hand”，即“钻手”。

通过“肝白名单”拿到的 NFT 会被迅速卖掉，这导致项目不仅市值受挫还流失了早期支持者。“纸手”被认为是优质项目的“搅屎棍”，但是在社区治理时，“纸手”却可以得到与“钻手”一样的权益，这让很多玩家觉得并不合理。另外，还有投入的时间成本问题：那些并没有伴随项目发展，而是后期在市场上买入的 NFT 持有人是否应该获得与在项目初期就持有并且在 NFT 处于高价位时仍然没有卖出的 NFT 持有人一样的福利和权利？

至今为止，Web3.0 的巨大财富效应让其拥护者普遍被打上投机的烙印。大多数圈外人，甚至大部分 Web3.0 的亲身参与者们还是更多地把 NFT 看作一种资产或者市场上的一般等价物，而不是一种行为或者价值观的证明。这也是在此前市场上的行为证明的数据往往不被重视的原因。好在越来越多的项目方和开发者开始思考解决方案，比如从分发形式上寻找白名单模式的替代方案，或者从流通方式上限制 NFT 的转移。

2022 年 1 月 26 日，Vitalik Buterin 在他的个人网站上发布了一篇名为《灵魂绑定》的文章，探讨了 NFT 在账户之间转移是否应该被限制的问题。网游玩家对“装备绑定”“拾取绑定”“灵魂绑定”等应该不陌生。为了保证装备的稀缺性和游戏的平衡，许多网游中的高品质装备被设定为一旦拾取到角色的背包里则与角色（灵魂）绑定，或者装备之后就会与角色绑定。被设定为装备绑定的道具在绑定之前是可以被交易的。Vitalik Buterin 认为，创造更多灵魂绑定的 NFT 可以改善这一现象，从而让 NFT 更能代表你是谁，而不是代表你能买得起什么。他同时也从技术角度分析了可行性，现有的协议标准都是为了创造最大可能的可转移性而设计的，限制转移需要做更多安全性上的重构。

那么是否可以有一种基于用户历史行为的协议来量化用户的历史行为，从激励机制上筛选“钻手”并且鼓励真正的粉丝呢？

这种关于人文、社会、思潮之类的意识形态探讨是令笔者觉得 Web3.0 最激动人心的点。没有人能够否认 Web3.0 带来的巨大财富机遇，但创造一个协作、有趣的世界也同样重要（甚至更为重要）。

IP 的价值应该属于谁

在“Web3.0 的未来属于谁”一节中已经提到了 Web2.0 时代的既

得利益者对 Web3.0 的入侵，最容易也是最常见的一种就是 Web2.0 时代的 IP 的入侵。我们正在试图创造一个理想主义的 Web3.0 世界，然而这让一些嗅觉灵敏的 Web2.0 既得利益者抓住了机会。

Web3.0 社区倡导自发贡献，多数成员不仅乐意为项目付费，还会努力宣传自己喜欢的项目，以及在拉新、活跃、持续维护等各个阶段参与社区运营。反应快的品牌方发现 Web3.0 早期阶段简直就是 IP 变现的绝佳时机，于是它们把传统 IP 放入 Web3.0 中榨取社区的剩余劳动价值。在 Web2.0 世界，这种榨取往往需要支付劳动成本，而在 Web3.0 世界里，它们即使不需要支付工资，也会有热情的社区成员来免费为它们干活。

在 2021 年与 2022 年交际之时，关于无聊猴（BYAC NFT）的母公司 Yuga Labs 正在以 50 亿美元估值募集资金的传言在社区中不胫而走。虽然 BAYC 官方并未对此事件给予回应，但一场关于 NFT 项目的 IP 母公司是否应该融资的大讨论拉开了帷幕。从 Web3.0 的理念来看，IP 的所有权应该属于真正爱它的人，也就是社区，IP 产生的价值也应该注入 NFT 本身，或者通过 Token 等载体回馈给社区，并且这些行为都应该在链上完成，以求公平、公开。无论是 Web2.0 时代的 IP 来 Web3.0 变现，还是原生于 Web3.0 世界并且借助社区获得成功的 IP 带着社区赋予的溢价回到 Web2.0 世界融资，其实都是一种外溢社区剩余价值的剥削行为。一些诞生于 Web3.0 世界的明星项目仿佛又一次被带入了 Web2.0 世界的历史轮回。

或许就像“Web3.0 的未来属于谁”一节中预言的那样，到了真正原生于 Web3.0 世界的一代来引领新世界发展的时候，我们目前遇到的新旧世界碰撞产生的矛盾才可以得到解决。

什么才是制约 Web3.0 发展的瓶颈

在 2019 年左右，以太坊上并没有太多成功的应用。如果你读了第 3 章，就会发现在 2018 年和 2019 年出现了大量公链，那时候大家普遍认为制约区块链落地应用的是性能，而当时以太坊两位数的 TPS 上限也频频被拿出来当反面教材。为了突破性能瓶颈，一些新的共识机制被提出并实践。然而，历史证明，高性能并不能带来繁荣，只是给繁荣创造了更好的发生条件。事实上，目前众多高性能公链的 TPS 其实极少达到其理论上限——因为没有那么多交易产生。

直到 Uniswap 上线，以太坊上才真正出现了杀手级应用，而后 NFT 的蓬勃发展进一步证明性能并不是瓶颈，杀手级应用才是。那些杀手级应用只会选择部署在以太坊上，因为它们想要寻找更优质的初始用户，更优质可能意味着更高的共识和认知、更大的资金量及更娴熟的 Web3.0 操作经验。这些人都集中在以太坊上。回顾区块链历史，你会发现随着以太坊上杀手级应用的崛起，异构公链开始转向给以太坊做 Layer2，以此承接以太坊上过载的流量。直到今天，以以太坊为王的共识已经达成了。

那么什么是制约 Web3.0 发展的瓶颈？答案显而易见，就是优质的应用。

那么优质的应用应该是什么样的呢？简单来讲，优质的应用一定是让生产流程的各个环节更公平、更开放，让每个人都可以参与并且受益的应用。

Web3.0 的行为准则

不要拒绝改变

大多数人丧失机会都是因为固守旧观念而拒绝改变，通常其外在表现是自负。保持好奇、放低姿态、勤奋学习是跟上时代步伐的方法。

不要试图从书上获得 Web3.0 的知识

笔者知道在一本科普读物的结尾语中，劝你不要从书上获得知识很奇怪，但是笔者还要说，Web3.0 是一个全新的领域，一切与 Web3.0 相关的事物都在飞速发展，而书的编撰、出版可能至少需要半年时间，所以你不可能从书上获得最新的消息。要知道半年时间足以让市场发生巨大的改变。你要善用碎片化学习方式，多从社交平台上以信息流为渠道获取最新信息。

爱惜自己的羽毛

DID 是重要的身份标识，一切链上行为都将被永久记录，请爱惜自己的羽毛，珍惜个人信誉及你的虚拟身份，在未来或许它会比你的现实身份更重要。

读至此处，你或许已经对 Web3.0 有了一些理解。请将你对 Web3.0 的认知写在第 1 章的空白处。

正如 Web3.0 所秉承的精神，本书将由我们以 DAO 的形式共同创作完成，并且创作到此并未结束，或许这会是你的第一次 Web3.0 实践。

在本书的结尾，我想引用网友 Plan Bitcoin.Crypto.Defi 的一段话，“比特币最伟大的时刻就是中本聪消失的时刻。正如罗兰·巴特所说，读者之生就是作者之死，文本的意义是开放的，将一个固定意义强加到文本上，就限制了文本多重意义的可能性。文本的意义该由读者决定，我们不能在作品的源头（origins）中寻找意义，意义只存在于读者带领文本抵达的目的地（destination）之中。创始人的消失，让比特币绽放。”

希望本书并没有给你探索 Web3.0 世界增加先入为主的约束，欢迎来到 Web3.0 世界！